国家自然科学基金资助项目(50878044)
东南大学城市与建筑遗产保护教育部重点实验室资助项目

基于 GIS 的历史文化名城 保护体系应用研究

胡明星　金　超　编著

东南大学出版社·南京

前　言

　　本书针对快速城市发展过程中历史文化遗产保护面临的复杂性、不确定性和动态性的问题,选择典型案例,建构基于 GIS 技术历史文化名城和历史街区的现状调查、保护规划编制的方法,以及基于空间数据库的历史文化名城空间数据库建设和历史文化名城数据库的多因素价值评定方法研究。在历史文化名城保护体系的框架下,将 GIS 技术应用于历史文化名城和历史街区的保护规划设计中,形成基于 GIS 技术历史文化名城和历史街区的保护规划技术方法,将 GIS 技术应用到整个历史文化名城保护规划和历史街区的现状调查、保护规划编制、监督管理全过程中,提高历史文化名城和历史街区保护规划的科学性和技术性,使保护规划具有较强的可操作性和实施性。同时,在历史文化名城保护体系的框架下,GIS 技术的支撑为保护规划中的新理论和方法应用,提供了很好的技术平台,发展了历史文化名城保护规划新的理论和方法。

　　由文物、历史文化保护区(历史街区)和历史文化名城三个层次构成的中国历史文化遗产保护体系,其相应的规划内容要求和深度各不相同,保护对象由整体(历史文化名城)到局部地段(历史街区),再到单体(文物),结合 GIS 技术的应用特点,本书主要研究 GIS 技术在历史文化名城和历史街区规划保护中的应用。研究内容主要分为五个部分:

　　一、历史文化名城现状数据库建设技术研究。在历史文化名城保护规划的现状调查中,首先要调查清楚规划区内文化遗产点的分布和定位。编制历史文化名城保护规划需要不同比例尺的地形数据,如 1∶10 000 市域范围的地形图、1∶500 历史城区地形图,以及不同时代的影像图、已有的各种规划成果、人口数据和居委会边界等社会经济数据。针对这些不同来源的数据,建立历史文化名城的数据标准,建设历史文化名城空间数据库,使历史文化名城现状数据库主要存储与管理各类不同比例尺基础地理数据、遥感影像数据、已有的专业规划数据、统计数据、属性数据和现状调查数据,根据历史名城保护规划需要进行现状数据的专题分析、统计和综合评价,为历史文化名城的保护规划提供多源多尺度基础数据。

　　二、历史文化名城资源评价与保护名录制定。在历史文化名城现状空间数据库基础上,对调查的历史文化资源进行梳理评价,建立历史文化资源的综合评估体系,探索多样性、多层次的保护手段,使所建立的评价体系能够对历史文化资源进行合理分类和分级,使之通过分类标准所确定的保护对象体系能够与保护规划相衔接。在历史文化资源评价体系所建立分类标准、分级标准、评价标准的基础上,应用多因子综合评价方法,得出不同类型不同级别的保护对象,在空间数据库的支持下,将不同类型的不同级别保护对象叠加在历史文化名城底图上,找出重点保护的点、线、面,划定相应的保护和控制范围,制定相适应的多元保护措施。根据综合评价的结果,为规划管理部门提出保护名录,并登录到数据库中,有效促进历史文化资源的长期持续保护和利用。

三、历史文化名城空间形态优化与高度控制。在历史文化名城保护中,须对高层建筑发展进行合理的安排和规划。如果缺乏控制和协调,高层建筑会导致历史城市空间尺度与肌理的变化,历史文脉的断裂和城市特色的丧失。为保护历史名城空间形态,必须对高层建筑布局进行优化调整,而空间形态优化布局的研究需要涉及大量的数据和信息,常规方法难以实现,基于空间数据库,建立基于 GIS 的多因子高层建设布局评价模型,通过对这些因子定量化、空间化的分析,为高层建设可能性提供决策支持。在多因子综合评价基础上,根据研究整体思路做局部调整,形成历史文化名城的空间形态高度管控图,为构建历史文化名城空间形态结构提供有效参考。

四、GIS 技术在历史街区保护规划现状调查中的应用。历史街区保护核心是保护真实的历史信息,需要确定保护的内容,就必须对现状进行详细的调查和评估,根据历史街区现状调查的特点和历史文化名城保护规划规范要求,确定历史街区现状建筑调查内容,研究基于 GIS 技术的现状建筑调查及对现状建筑数据处理方法;建构基于 GIS 技术为平台,以道路街巷为脉络,建筑为调查对象的人、地、房相结合的历史街区保护规划现状调查方法,实现建筑与相关属性、图像数据、人口信息以及土地利用的关联。

五、基于 GIS 技术历史街区保护规划编制方法的研究。根据历史街区保护规划编制的内容,建立基于 GIS 技术的历史街区现状和规划数据库,实现空间数据库中的图形数据与属性数据以及图像数据的双向查询、检索;应用 GIS 空间分析功能进行各种现状和规划专题图生成,特别是多属性专题图生成,解决历史文化名城保护规划规范中所要求的历史街区保护规划中建筑等级与保护整治方式的一致性要求;利用 GIS 的空间数据库,实现保护规划过程中各种数据的统计和汇总,以及快速自动生成历史街区保护规范所要求的历史街区保护建筑物一览表;基于空间数据库实现建筑的现状调查信息、保护整治方式、规划措施以及建筑现状图像数据集成,完成对历史街区每一幢现状建筑的综合评价文档。

本书将 GIS 技术应用于历史文化名城和历史街区的保护规划中,基于实证案例研究,对具体应用具有重要的实践指导意义。本课题研究中案例是与董卫教授、阳建强教授多个项目合作中所积累的数据,在数据资料的收集过程中得到南京市规划局和安庆市规划局等当地主管部门的大力支持,为本书研究提供珍贵的基础数据资料,在此表示由衷的感谢! 在研究过程中,课题得到国家自然科学基金项目(50878044)资助。

东南大学出版社编辑同志在本书的出版过程中做了大量工作,在此表示谢意!

限于笔者的学识水平,书中谬误之处在所难免,敬请各位读者予以批评指正。

胡明星

2011 年 8 月

目　录

1 绪论

1.1 研究缘起

"有特色才是美的,是民族的才是世界的。"鲁迅先生在几十年前说的这番话,如今已得到了世人的广泛认同。

城市是人类的伟大作品之一,是特定地区的经济、政治、思想、文化、艺术的综合体现,也是这里居民世世代代生活形态的积淀[1]。正如沙里宁所说:让我看看这个城市,我就能说出这个城市居民在文化上的追求是什么,因为城市是一本打开的书,从中你可以看到它的追求和抱负[2]。假如一座城市失去了历史的记忆,那么很难想象它用什么来形成自己的独特魅力和凝聚力。

在上个世纪 50 年代,"城市特色"作为城市重要的人文品质和物质品质首先在发达国家被认定,被认为是城市的不可再生资源[3]。在迈向国际化都市的过程中,这些独一无二的历史文化资源能为城市发展优势文化产业、改善环境品质和提升城市形象地位作出不可替代的贡献。这种漫长历史留下的痕迹无法被模仿和虚造,却能够被轻易破坏,所以,保护城市的历史特色和历史文化遗产已经成为现代化城市建设的重要内容和城市文明的重要标志。

1.1.1 研究背景

在 1960 年代的北京,"梁陈方案"被否决,老城内大规模拆毁城墙、城楼,见缝插针的修建工厂、机关、学校[4]。到 1980 年代,无序的商业开发致使老城内高楼林立(如图 1-1),传统肌理和天际线完全被打破,古都风貌逐渐丧失。正如吴良镛先生所总结:"好的拆了,滥的更滥,古城损毁,新建凌乱。"北京成了国际历史城市保护史上的一大教训。

虽然有过深刻的历史教训,但时至今日,高速的城市建设脚步对更多城市的历史文化资源造成了更大的威胁,从古城的格局、肌理到历史建筑、古树名木,不断有大量珍贵的历史遗产在快速的城市化进程中流失,整个城市的风貌特色受到了严重影响,尤其对于历史文物丰富的历史文化名城而言,这种破坏显得尤其突出。

近些年来,由于可持续发展思想的渗透和历史城市保护意识的提高,我国历史文化名城保护体制逐步完善,历史文化名城保护规划(简称"保护规划"或"名城保护规划")也随之做出了一系列调整,以期更好地指导实践。从 1961 年国家颁布《文物管理暂行条例》,到 1993 年全国历史文化名城保护工作会议明确指出"历史文化保护区是我国历史文化遗产重要的一环",这个过程标志着我国对历史文化资源定义的扩大、保护意识的提高[5]。

图 1-1 20 世纪 60 年代(上)与 21 世纪初(下)长安街变化

来源:http://www.xinhuanet.com/

　　然而,传统的保护规划编制方法却存在种种不足:首先,规划编制前期需要调研、储存、处理和分析大量的基础数据,由于缺少快速有效的数据处理方法,难以对数据进行理性梳理和定量分析,规划工作者往往从主观经验出发,从感性的角度来分析问题,得出的规划成果常因此引发争议;其次,人工处理大量的基础数据速度慢、效率低,难以综合分析这些数据。

　　由于传统方法和技术手段难以满足当前历史文化名城保护规划形势发展的需要,探索新技术、新手段来支持保护规划的过程,解决历史文化名城保护规划中遇到的这类问题成为当务之急。计算机技术和信息技术的发展,特别是空间信息技术的应用,给解决这些问题带来了新的契机。

1.1.2 研究意义

　　基于 GIS 技术支撑,不但可以建立一个系统、全面、可以即时更新的空间数据库,便于规划工作者的查阅,更重要的是基于 GIS 技术所建立的空间数据库可以协助规划人员对这些数据进行综合的分析:宏观层次可实现对整个城市社会、经济、文化等各要素的多因子叠加分析,对名城的空间形态、格局进行合理导控;微观层次可实现历史资源点的价值评估、指标的图示化,并依据历史街区的空间要素特征进行专题制图。这不仅可以大大提高工作效率,并且能提高规划编制工作的科学性、合理性和技术性,对名城的历史资源、整体风貌的保护发挥辅助决策的作用,改进传统的规划编制工作方法和技术路线。GIS 应用于历史文化名城和历史街区的保护规划可体现的技术优势如下:

1) 实现空间信息和属性信息的互相查阅

基于 GIS 的空间数据库存储的信息不仅包括历史资源的一般空间位置信息,而且包括与该资源点相关的一切已记录在案的其他信息,即属性信息,如某历史资源点的名称、用途、建造时间、保护级别、评价得分、保护意见等。同样,对于我们已经查找到的一般性的非空间信息也可以很快提供其相应的空间位置和空间形式,使规划人员能够很快了解该数据的空间分布状态和空间位置信息。

2) 针对当前处理的数据对象获取数据统计表

数据统计表能够反映某空间范围内各种要素量的关系,是进行定性定量分析的基础。图纸或者模型所反映的是空间要素之间的关系,而数据统计表所反映的是与空间要素相关的各种非空间要素之间的相互关系。每一份数据统计表都是建立在对各种空间要素充分统计的基础上,数据项越多,统计的工作量越大。历史文化名城保护规划中对于数据统计表的要求与所研究的历史资源性质有关,也与城市空间的其他要素有关,但是具体要统计哪些数据,都是无法预先确定的。目前都是通过人工统计的方法得到所需要的数据,并制成相应的统计表,每提出一种要求都要经过一轮统计计算,而基于 GIS 平台,只要把基础数据完整正确的输入空间数据库,就可以便捷的得到各种专题的统计表格,比人工统计制表效率高,更方便。

3) 对提取到的数据进行统计和分析

利用 GIS 技术平台,不仅可以查阅到这些空间、属性数据,还能够对这些数据进行专门的统计;不仅有普通的和、差、积、余等数学运算,还可以根据不同的需要,进行专门的数据分析,对于空间数据的查询结果也能够进行必要的统计运算。

4) 快捷的专题制图

历史文化名城保护规划朝着多层次、控制性发展的过程中,规划编制人员最关心的是城市空间形态与其他因素之间的关系,例如:城市山水格局与历史资源点的关系,重要历史资源点之间景观视线是否畅通,城市道路与历史资源的空间关系,或者城市传统格局对现代城市空间格局的影响。通过研究历史资源的空间位置与其他因素之间的关系,实现通过城市空间的理性塑造来保护城市传统的空间格局。在保护规划研究过程中,规划人员非常关心属性数据在空间中的分布状况,常常需要将这些数据放到空间中来研究[6]。由于保护规划的数据信息庞大而复杂,用一般的制图方法需要大量的时间和精力来完成,此时 GIS 优势就更好地体现出来。

5) 支持保护规划的过程

在图文互查、专题图表制作、数据统计分析等功能的基础之上,规划工作者以 GIS 为平台,根据历史文化名城特点和保护规划目标构建各种评价系统,如:历史资源评价体系、城市空间形态多因子评价体系等,通过这些评价体系获得保护名录和城市建设用地控制情况,帮助规划工作者做出决策,成为规划成果的一部分。

1.2　研究对象

由文物、历史文化保护区(历史街区)和历史文化名城三个层次构成的中国历史文化遗产保护体系,其相应的规划内容和要求的深度各有不同,保护对象由文物单体到重要地段,再到城市整体风貌,逐级扩大。结合 GIS 技术的应用特点,主要研究 GIS 技术在历史文化名城和历史街区保护规划中的应用,具体内容如下:

1.2.1　历史文化名城空间数据库的建构

在历史文化名城保护规划的现状调查中,首先要调查清楚规划区内文化遗产点的分布和定位,对每处文物古迹、古树名木和古井点的定位成为基础工作。通常采用 1∶500 地形图到实地进行勾绘或用 GPS 到现场测得 X、Y 地理坐标来表示其点位信息,为每一文化遗产点进行统一编码规范,并输入相关的属性数据。编制历史文化名城保护规划需要不同比例尺的地形数据,如 1∶10 000 的市域范围的地形图、1∶500 的历史城区地形图,以及不同时代的影像图、已有的各种规划成果、人口数据和居委会边界等社会经济数据。针对这些不同来源的数据,建立历史文化名城的数据标准,建设历史文化名城空间数据库,使历史文化名城现状数据库主要存储与管理各类不同比例尺基础地理数据、遥感影像数据、已有的专业规划数据、统计数据、属性数据和现状调查数据,根据历史名城保护规划的需要进行现状数据的专题分析、统计和综合评价,为历史文化名城的保护规划提供多源多尺度基础数据。

1.2.2　历史文化名城文化遗产资源评价体系建立与保护名录制定

在历史文化名城空间数据库的基础上,对入库的历史文化资源进行梳理评价,建立历史文化资源的综合评估体系,探索多样性、多层次的保护手段,使所建立的评价体系能够对历史文化资源进行合理分类分级,并使通过分类标准所确定的保护对象能够与各级保护规划保持衔接。由于评价体系更注重全面性和整体性,其所构建起的保护对象体系可超越现行保护规划体系,从而为现行的保护规划体系带来创新。在历史文化资源评价体系所建立的分类标准、分级标准、评价标准的基础上,应用 GIS 的多种分析方法,将不同类型的保护对象进行综合分析评价,找出重点保护的对象,划定相应的保护和控制范围,制定多元的保护措施。根据综合评价的结果,为规划管理部门提供保护名录,并登录到数据库当中,有效促进历史文化资源的长期保护和利用。

1.2.3　GIS 技术在历史文化名城保护规划其他方面的应用

保护规划需要控制城市整体的空间形态,对高层和大尺度建筑的布局做出合理的安排,如果缺乏控制和协调,高层建筑和大尺度建筑会导致历史城市空间与肌理的变化、历史文脉断裂、城市的历史风貌特色也会随之丧失,而空间形态的优化布局研究涉及大量的现状数据和历史信息,常规方法难以实现。利用历史文化名城空间数据库,建立基于 GIS 的多因子城市空间形态控制评价体系,通过对这些因子的定量化、空间化分析,为高层和大尺度建筑的布局方案提供决策支持。在多因子评价的基础上,根据研究的整体思路做局部调整,形成名城的空间形态高度控制图,为构建格局清晰、整体有序、富有特色的历史文化名城空间结构提供参考。

除高度控制以外,保护规划还要求划定历史街区、划定地下文物埋藏区、建立遗产展示体系等,对以上这些方面,GIS 技术都可以给予一定的设计帮助与决策支持。

1.2.4 GIS 在历史街区保护规划中的应用

1) 建构基于 GIS 技术的人、地、房(建筑)相结合历史街区保护规划现状调查方法

历史街区保护核心是保护真实的历史信息,但在历史街区中,由于大量的历史遗存或多或少都受到了不合理的改动,有的甚至受到严重破坏;同时,保护不是对全部现状原封不动,而是要强调保护真正值得保护的内容和整体的历史风貌;因此,需要确定保护的内容,就必须对现状进行详细的调查和评估,根据历史街区现状调查的特点和历史文化名城保护规划规范要求,确定历史街区现状建筑调查内容,研究基于 GIS 技术的现状建筑调查及对现状建筑数据处理方法;建构基于 GIS 技术平台,以道路街巷为脉络,以建筑为调查对象的人、地、房相结合的历史街区保护规划现状调查方法,实现建筑与相关属性数据、图像数据、人口信息以及土地利用数据的关联。

2) 基于 GIS 技术历史街区保护规划编制方法的研究

根据历史街区保护规划编制的内容,建立基于 GIS 空间信息技术的历史街区现状和规划数据库,实现空间数据库中的图形数据与属性数据以及图像数据的双向查询、检索;应用 GIS 空间分析功能进行各种现状和规划专题图生成,特别是多属性专题图生成,解决历史文化名城保护规划规范中所要求的历史街区保护规划中建筑等级与保护整治方式的一致性要求;利用 GIS 的空间数据库,实现保护规划过程中各种数据的统计和汇总,以及快速自动生成历史街区保护规范所要求的历史街区保护建筑物一览表;基于空间数据库实现建筑的现状调查信息、保护整治方式、规划措施以及建筑现状图像数据集成,完成对历史街区每一幢现状建筑的综合评价文档。

1.3 概念的界定

1.3.1 地理信息

地理信息(Geographic Information)是指表征地理圈或地理环境固有要素或物质的数量、质量、分布特征、联系和规律等的数字、文字、图像和图形等总称[7]。从地理实体到地理数据,从地理数据到地理信息的发展,反映了人类从认识物质、能量到认识信息的一个巨大飞跃。

1.3.2 地理信息系统

地理信息系统(Geographic Information System,简称 GIS)的存在与发展已历经 50 余年,但是目前对 GIS 的定义还存在分歧(陈述彭,1999),对 GIS 的认识可归纳为三种观点:

（1）地图观点，强调地理信息系统作为信息载体与传播媒介的地图功能；

（2）数据库观点，强调数据库系统在地理信息系统中的重要地位，多为具有计算机背景的用户所接纳；

（3）分析工具观点，强调地理信息系统的空间分析与模型分析功能，认为地理信息系统是一门空间信息科学[8]。

1.3.3　历史文化名城

《中华人民共和国文物保护法》把历史文化名城定义为：经国务院批准的、保护文物特别丰富，具有重大历史价值和革命意义的城市[9]。到目前为止，我国共有 109 个城市通过国务院审定，成为历史文化名城。

1.3.4　历史文化名城保护规划

1983 年提出的历史文化名城保护规划是"以保护城区文物古迹、风景名胜及其环境为重点的专项规划，是城市总体规划的重要组成部分，也包含保护城市的优秀历史传统和合理布局的内容"[10]。

2005 年提出历史文化名城保护规划是"以保护历史文化名城、协调保护与建设发展为目的，以确定保护的原则、内容和重点，划定保护范围，提出保护措施为主要内容的规划，是城市总体规划中的专项规划"[11]。

广义而言，历史文化名城保护规划体系包含总体规划、控制性详细规划、修建性详细规划三个层面的规划内容，分别针对总体城市、历史街区、历史文物三个层次的保护对象；如不做明确说明，本书中的"历史文化名城保护规划"是指狭义的、总体规划层面的保护规划，不是指历史文化名城保护规划体系。

1.3.5　历史文化街区

经省、自治区、直辖市人民政府核定公布应予重点保护的历史地段，称为历史文化街区（简称历史街区）。历史文化街区应具备比较完整的历史风貌，以及构成历史风貌的历史建筑和历史环境要素基本上是历史存留的原物[11]。

1.4　国内外研究综述

1.4.1　GIS 在考古学和历史遗产方面应用的国内外研究现状

随着技术的发展，近些年 GIS 被广泛地应用于搜寻、勘测古代遗址和历史文化遗产保护管理工作的各个方面：如 Thomas J. Green 将 GIS 应用于阿肯色州的考古调查和考古挖掘中[12]；Douglas C. Comer 将 GIS 和遥感技术应用于加纳海角遗址的规划、设计和管理中[13]；Rima El Hassan 提出将 GIS 技术应用于伊斯兰国家对文化建筑遗产所采用保护政策及方针中[14]；Yorkshire Dales 国家公园管理局通过 WebGIS 技术将历史建筑遗产发布到网络，可以查到建筑遗产的相关信息；上世纪 90 年代初，联合国教科文组织在亚太地区就开始将 3S 技术[GIS、RS(遥感)、GPS(全球卫星定位系统)]应用于世界文化遗产大遗址保护和管理中[15];在陕西岐山周公庙遗址的大规模考古发掘工作中,将 3S 技术综合应用于大面积遗址考古的全过程,在航空遥感的基础上确定遗址位置,建立"周公庙遗址田野考古调查数据库";夏健、蓝刚认为,当前数字技术的发展,给历史街区保护带来了观念上的更新和手法上的变化[16];刘松通过对传统城市历史文化街区保护方法的研究,结合数字技术定性、定量准确可靠的特点,提出建立相应的数字分析预测系统的构想;徐建刚探讨 GIS 与 RS 技术在名城保护规划过程中空间信息的整合与应用[17];徐曦以武汉为例,分析了中国近代城市的历史文化遗产的类型及特征,在信息需求分析的基础上设计了近代城市遗产保护的概念模型[18];董明等应用 GIS 研究北京旧城胡同现状与历史变迁[19];胡明星以镇江市西津渡历史街区为例,详细介绍了 GIS 技术在文化资源管理中的应用的具体过程,并对古村落保护管理系统的必要性分析,探讨系统软件平台选择、总体结构、系统数据结构设计以及主要功能等问题[20][21]。

国家针对大遗址保护中存在的管理技术落后问题,在"十一五"国家科技支撑计划重点项目《大遗址保护关键技术研究与开发》中设立了《空间信息技术在大遗址保护中的应用研究(以京杭大运河为例)》的课题,投入 1 600 万元经费,研究空间信息技术(包括遥感技术、全球定位技术、地理信息系统、虚拟现实技术等)在大遗址保护中的应用研究。

1.4.2 国内历史城市保护研究现状

国内历史城市保护的研究,主要集中在城市整体保护和历史街区保护两个层面。城市整体保护层面的研究包括:董卫通过对宁波老城历史资源的归纳,将点、线、面三个层面的历史资源进行叠加和整合,初步构建城市的历史文化空间网络[22];阮仪三认为在新一轮的上海旧城改造中,应采取"旧城保护和更新"的发展模式,对旧城区建筑、空间、肌理和社会网络进行"整体性保护",从保护理念、技术法规、管理政策以及资金保障制度等多方面促进上海文化遗产的保护[23]。历史街区保护层面包括:吴萍、董卫通过对杭州市韶华巷、兴安里、泗水坊三个历史地段的研究,提出了空间筛选和碎片散落的观点,借以提升和拓展传统功能,"缝补"城市文化碎片,还原历史空间原型[24];阮仪三、袁菲分析了周庄在近几十年因旅游业兴起而带来的过度商业化、居民外迁、社会变异、环境拥挤、生态恶化等一系列问题和矛盾,为其今后的保护和发展方式提出了建议[25];朱自煊通过黄山屯溪老街的现状研究,提出规划建议并指出对历史街区应在保护前提下求得最佳综合效益[26];朱宇恒等学者通过对杭州大井巷历史街区各项价值进行评价分析,对其保护等级的划分、用地和道路结构的调整、交通组织、基础设施、建筑公共空间布局以及建筑的保护等各方面提出修复措施[27]。

从宏观角度对历史文化名城保护规划理论的研究并不多:王景慧、阮仪三、王林合著的《中国历史文化名城保护理论与规划》一书比较全面地论述了关于名城保护的实践与理论,对名城保护规划的发展简略叙述并对整个名城保护体系进行了较全面说明[28];张松在《历史城市保护学导论》一书中,论述文化遗产的概念、保护的含义与意义,并以历史城市保护为核心,阐述整体性保护的理论与规划方法[29];王林在《中国历史文化名城保护规划与保护制度研究》文中论述了 1998 年以前中国名城保护制度的发展和变化情况,对名城保护规划整体的发展阶段做了一些研究;王玲玲在其学位论文《历史文化名城保护规划的发展与演变研究》中通过对历史文化名城大量的相关规划要求、法规、文件分析研究,总结了我国历史文化名城保护规划的发展演变过程及各阶段的典型创新[30]。

1.4.3　GIS 技术在国内城市规划其他领域中的实践与应用

随着城市规划信息系统日益完善,越来越多的规划工作者开始将 GIS 技术用于规划编制研究的过程中,综观国内近期在该领域的研究,大都属于总体规划层面,如:《北京城市总体规划(2004—2020 年)》中应用 GIS 多因子分析技术,综合生态规划对城市空间发展进行生态限制性分区。《深圳市城市总体规划(2007—2020 年)》根据资源环境、工程地质等城市安全条件,结合城市可持续发展目标,建立评价指标体系,基于 GIS 进行多因子综合评价,将城市用地划定为禁建区、限建区、已建区和适建区,并加强对四区的空间管制和建设引导。《无锡市总体城市设计》中利用 GIS 的空间分析能力,对影响城市环境的因子进行量化分析与综合评价,最终建立基于空间分析的高度与开敞度控制模型,为城市总体形态控制给出理性分析依据。在国家发改委指导下,江苏、河南、山东等省份依据主体功能区的科学内涵和划分原则,建构具有应用价值的分类指标体系,并应用 GIS 技术方法,根据指标的表征属性以及分类单元,对指标进行赋值和计算,得出主体功能区划的研究成果。《江阴市域主体功能区与可持续性发展研究》以 GIS 技术为平台,将江阴市的几十种社会经济数据和十余种自然地理数据统一落实到单元中,进行综合分析计算,将江阴市按行政区域界限划分为适合建设、优化建设、限制建设、禁止建设四种主体功能区。《京杭大运河遗产保护规划——常州段》建立了"大运河常州段历史遗产"数据库,以此为基础分析运河及其周边的地理、社会、经济数据,综合判断大运河及其周边遗产的价值,探索合理保护的方法①。

1.4.4　城市规划管理信息系统国内外研究现状

城市规划管理信息系统是应用 GIS 技术为城市规划与管理服务,通过 GIS 的储存、显示和空间分析功能,把城市的商业、文化、建筑、街道及各种管线等基础资料抽象成数据输入数据库,可随时提取和显示。城市规划管理信息系统最早出现在 1960 年代初期。1966 年,世界城市与区域信息系统协会(Urban and Regional Information Systems Association, USISA)成立;1968 年,城市信息系统跨机构委员会(USAC)成立。目前在发达国家,城市规划信息系统或土地管理信息系统已经在发挥着社会和经济效益。例如美国路易斯安那州全面规划信息系统(L. CPIS)、美国圣地亚哥城市规划与管理信息系统、明尼苏达州的土地管理信息系统、俄克拉荷马州的娜蒙市城市规划信息系统、加州的城市模拟系统等。其后,发展中国家的城市规划信息系统也进入了新的阶段,已建的有:马来西亚城市与区域规划信息系统(Kelang Valley Information System)、伊拉克巴格达发展信息系统(Capital Area Development Information System)等。我国在上世纪 90 年代城市规划信息系统建设进展很快,不少城市相继开始了系统建设,如上海市城市建设系统、广州市城市规划管理系统。此外,深圳、海口、北海、厦门、合肥、黄石、济南等城市的规划管理信息系统均投入运行,在全国城市中起着示范作用。目前,我国经济发达地区的地级市规划部门一般都有规划管理信息系统,用于规划管理和监测。城市规划信息系统的建设,大力推动了新技术在城市规划编

制中的应用,完善了城市规划基础信息的管理,拓展了传统规划的内容和深度,加强了各规划管理部门的实时配合能力[18]。

1.4.5　小结

从上述国内外研究开展的情况来看,空间信息技术在文化遗产、考古研究中得到较为广泛的应用,并取得一定成果;在城市规划的其他领域,尤其是主体功能区划研究方面也有一定程度发展;而在历史文化名城保护体系的框架指导下,基于 GIS 技术的历史文化名城保护规划和历史街区保护规划编制方法,目前的研究不够深入,仅有些设想,对 GIS 技术与规划编制过程如何结合研究很少,更谈不上利用 GIS 技术对历史文化名城保护新的理论和方法探索支持,因此,有必要在历史文化名城和历史街区保护理论、方法和规范的指导下,探索和研究基于 GIS 技术历史文化名城保护规划的方法体系和框架。

1.5　研究方法

本课题研究实践性、综合性及技术性强,拟采用技术支撑平台建设与示范性规划设计项目相结合的研究方法,应用 GIS 技术对历史文化名城和历史街区的现状调查、规划编制和管理进行研究,并通过选择典型案例研究,建构基于 GIS 技术的历史文化名城和历史街区保护规划和管理方法的研究。研究方法总体上采用"理论研究——调查研究——实证研究"的方法体系。

1) 理论研究

分析历史城市保护的基本要求和发展趋势,并结合 GIS 技术的特点,选取对保护规划有指导作用或关联性的理论加以研究,为后续的调查研究和实证研究提供思路和方法上的指导与依据。

2) 调查研究

以国家历史文化名城南京为实例,以南京主城为研究对象,对相关的历史文献、历史地图进行搜集和整理,对主城内历史资源的相关资料全面搜集,并对主城范围的城市现状、规划资料进行全面搜集整理,同时将南京大学历史系和南京城市规划编研中心提供的"南京历史文化遗产普查"研究成果作为重要的基础数据,为下一步实证研究提供大量基础数据材料。

3) 实证研究

将 GIS 技术与历史文化名城和历史街区保护规划的现状调查和规划设计过程相结合,是本书研究的重点。建立完整的历史文化名城空间信息数据库,并制定科学的历史资源价值评定体系,利用 GIS 空间信息技术对数据进行相关的空间分析和统计分析,将理论研究和实例研究总结出的方法论运用于实践。

本书的主体研究内容分为五个部分,为:历史文化名城保护规划的理论与方法、历史文化名城空间数据库的建立、历史文化名城保护规划评价体系的建立与保护名录的制定、GIS技术在历史文化名城空间控制方面的应用,以及 GIS 在历史街区保护规划中的应用。每个部分都可视为相对独立的章节,同时又共同构成一个有机整体,论述 GIS 技术如何与历史文化名城和历史街区保护规划相结合,并解决传统规划方法中存在的一些难题。

1.6　研究的技术路线

本书将 GIS 技术与历史文化名城保护规划的理论思想和实践要求相结合,力求将理论的指导性、技术的科学性、实践的操作性相结合,使文中既有清晰的理论说明、严谨的方法选择,又具有实际的工程操作解析和成果展示,为保护规划的工作方法提出一些具体的改进建议,具体技术路线框架如图 1-2 所示。

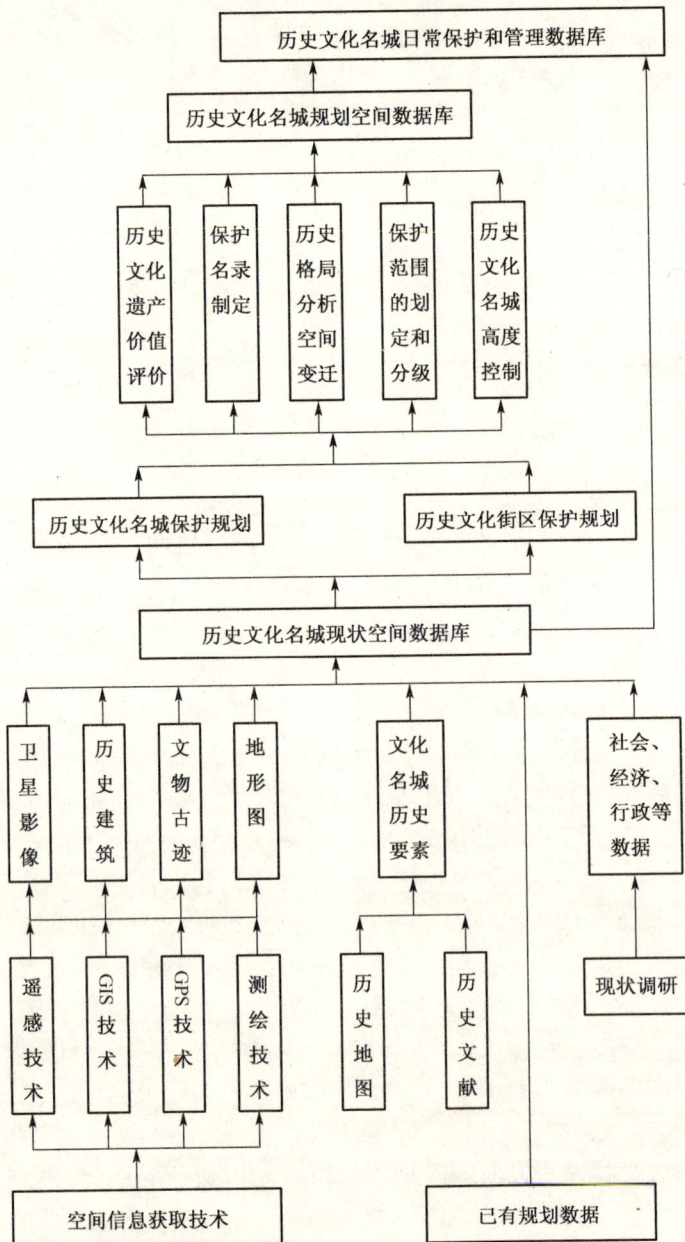

图 1-2　基于 GIS 的历史文化名城保护体系应用研究技术路线图

2 历史文化名城保护规划的理论与方法

2.1 国际历史城市的保护历程回顾

历史文化名城保护是一个由来已久的世界性课题,缘起于历史建筑单体保护的历史城市保护始于18世纪末,经过两百余年的发展,已逐渐走上系统化、理论化道路。20世纪初以来,世界范围的城市化进程加速,历史城市保护问题也越来越受到关注,各国关于历史文化遗产保护与更新的理论与法规政策不断提出,理论体系逐渐完善,世界各国的理论成果以国际准则的形式集中体现在一系列的国际性宪章中。

1933年国际现代建筑协会(CIAM)制定的第一个获国际公认的城市规划纲领性文件《雅典宪章》中有一节专门论述"有历史价值的建筑和地区",指出了历史城市保护的意义与原则,表明文物建筑保护已成为一股很重要的国际力量。

1964年,国际古遗址理事会(ICOMOS)通过《保护和修复文物建筑及历史地段的国际宪章》,即著名的《威尼斯宪章》,完整提出文物古迹保护的基本概念、原则与方法,将保护的对象从文物建筑本身扩大到其周围的环境,是关于文物建筑及其环境保护的重要里程碑。

1976年,联合国教科文组织(UNESCO)大会通过《关于保护历史的或传统的建筑群及它们在现代生活中的地位的建议》,即《内罗毕建议》,文件指出历史地段包括的内容,扩展了"保护"的内涵,即"鉴定、防护、保存、修缮、再生,维持历史或传统地区及环境,并使它们重新获得活力",历史遗产保护的内容从文物建筑向历史地段扩展,保护与规划也开始走向结合。另外具有重要意义的是《内罗毕建议》指出"不仅要维护好历史遗址和古迹这类实体保护对象,也要继承一般的文化传统",将非物质的文化传统纳入保护对象,保护范围进一步扩大。

1987年,ICOMOS通过《保护历史性城市和城市化地段的宪章》,简称《华盛顿宪章》,这是继《威尼斯宪章》之后的第二个关于历史城市保护的国际性法规文件,也是对历史城市保护最为全面、深刻的总结性文件,它在总结世界各国二十年来历史城市保护的理论与实践的基础上,确定历史地段以及历史城镇的保护意义、原则与方法等,明确指出城市保护必需纳入城市发展政策与规划之中,标志着历史城市保护有了国际公认的标准和法规,同时也标志着城市保护已经与城市规划紧密结合在一起。

1999年,国际建筑师协会(UIA)通过《北京宪章》,其中指出"宜将规划建设、新建筑的设计、历史环境的保护、一般建筑的维修与改建、古旧建筑合理地重新使用、城市和地区的整治、更新与重建……,纳入一个动态的、生生不息的循环体系之中。"标志着历史遗产保护、城市保护成为城市动态更新中的一个环节,是人居环境的重要组成部分,开始将城市保护活动纳入可持续发展的战略轨道[31]。

由此可见,世界历史文化遗产和历史城市的保护经历了长期的发展与演进,由保护有代表性的重要历史建筑单体,发展到保护与人们生活休戚相关的历史环境乃至整个历史城市;由保护物质实体发展到非物质的城市传统文化。这种保护概念的扩大是人类现代文明发展的必然趋势,保护与发展并重已经成为世界各国共同努力的目标。

2.2　我国历史城市保护的发展历程

我国从新中国成立后到 1980 年代初的三十年间,对历史城市保护的认识仅限于其中的文物或者遗址范围,对古城自身价值认识不足,城市保护基本停留在理论探索与争执阶段,没有形成制度。随着改革开放,城市经济和建设迎来了一个迅猛发展的时期,新城建设、旧城更新,使得城市传统风貌产生了巨大改变,城市保护进入一个更为严峻和紧迫的时期,保护对象也由历史遗产转向整个历史城市。这些矛盾所形成的问题,催生了我国历史文化名城制度与历史文化名城保护规划。

1982 年,国务院公布我国首批国家历史文化名城的名单,标志着中国历史文化名城保护事业拉开帷幕,同时,国务院批转国家建委等部门的《关于保护我国历史文化名城的请示》阐述了保护名城的重要性,并对名城保护和建设提出若干意见[32]。1983 年,建设部会同文化部文物局在西安召开"历史文化名城规划与保护座谈会",会议主题是研究名城规划与保护工作面临的问题,为推动历史文化名城规划和保护工作开展发挥了重要作用。

1986 年,国务院公布第二批历史文化名城,并建立起中国的历史文化名城保护制度。两批历史文化名城陆续编制完成历史文化名城保护规划,为总结和规范名城保护规划创造了条件[33]。1993 年建设部召开的全国历史文化名城保护工作会议,总结名城制度确立以来取得的成绩和经验,为下一步工作指明方向。1994 年,建设部在总结过去十几年历史文化名城规划实践的基础上,颁布《历史文化名城保护规划编制要求》,对于规范和统一历史文化名城保护规划的标准起到重要作用,名城保护规划逐渐走向系统化和规范化,历史文化名城保护体制基本确定[34]。同年,由建设部和国家文物局牵头成立历史文化名城保护专家委员会[35]。

1996 年,国家设立历史文化名城保护专项资金,并在黄山屯溪召开"历史街区(国际)研讨会",会中明确指出,"历史街区保护已成为保护历史文化遗产的重要一环"。1997 年,建设部发布《黄山市屯溪老街历史文化保护区保护管理暂行办法》的通知,成为全面推动历史文化保护区保护工作的重要契机,名城保护的工作重点转向历史街区的保护[36]。1998 年以后,历史文化名城保护工作整体有较大发展,名城保护制度、法制建设和资金制度都有不同程度的进展。

从 1961 年颁布《文物保护管理暂行条例》到 1982 年开始建立历史文化名城保护制度,中国历史文化遗产保护制度一直是以文物保护为核心的单一体系。1982 年公布第一批历史文化名城名单后,使得遗产保护制度形成文物保护和历史文化名城保护的二元结构。1986 年历史文化保护区的概念提出,到 1993 全国历史文化名城保护工作会议明确指出历史文化保护区是我国文化遗产重要一环,是保护单体文物、历史文化保护区、历史文化名城这一完整体系中不可缺少的一个层次,形成较完善的文物、历史文化保护区和历史文化名城三个层次的中国历史文化遗产保护体系。

历史文化名城保护制度进一步完善,使历史文化名城保护的三个层次更加明确,法律体系逐渐构架起来,文物、历史街区、历史文化名城和非物质文化遗产几个方面的法律法规都有较大发展。另外,全社会对保护的意识普遍增强,中国与国际在遗产保护方面的交流也越来越多,这些都给历史文化名城保护规划的继续深化完善创造了良好的环境[30][37]。

2.3 我国历史文化名城保护规划的编制要求

从 1982 年至今,国务院公布了三批共 99 个国家历史文化名城,其后又陆续批准 10 个,共计 109 个。经过二十多年的实践,我国在国际宪章的理论基础上积累一定的历史文化名城保护规划经验,在规划编制形制上已较为稳定,历史文化名城保护规划理论体系正逐步完善并向更深、更广层面发展。

2.3.1 基本原则

历史文化名城保护规划编制工作遵循的基本原则包括:保护规划要从城市总体层面上采取措施,为保护名城的历史文化遗产创造条件;在保护好历史文化遗产的基础上,改善城市人居环境,适应现代化城市生活的要求,促进社会、经济、文化协调发展;必须遵循保护真实载体的原则,保护历史环境的原则,合理利用、永续利用的原则。

以上基本原则有三层含义:一是城市总体规划编制必须考虑到名城保护的特殊要求,要与之相互补充协调;二是要处理好保护与发展的关系,不能脱离城市全方位发展孤立地谈保护;三是要遵守历史城市保护的几项重要国际公约、准则。

2.3.2 基本目标

编制实施历史文化名城保护规划的目标包括:全面深入地调查历史文化资源的历史及现状,研究城市的历史、社会、经济背景和现状,分析名城的文化内涵、价值及特色,明确保护目标和保护原则,确定保护内容和重点,提出保护措施;划定历史地段、历史建筑群、文物古迹和地下文物埋藏区的保护范围,提出相应的规划控制和建设要求;对保护范围内的历史城区进行相应的总体规划、控制规划调整,包括:人口控制、用地功能调整、道路调整、基础设施改善等,提出分期实施和管理建议。

2.3.3 保护对象

历史文化名城保护规划的保护对象包括:各级文物保护单位和非法定历史建筑,构成古城特色的自然环境、山水格局和风景名胜、古树名木等,反映传统风貌和地方特色的历史街区、建筑群、历史村镇。保护和延续城市的传统格局和古城风貌,保护和弘扬城市传统文化、民俗精华、传统产业等[34][38]。

2.3.4 发展趋势

从我国历史文化名城保护规划二十多年的发展情况来看,发展趋势是:由综合复杂的设计型保护规划向简单明确的控制性保护规划转变；名城保护规划的体系由单一结构向综合的多层次保护规划体系发展；名城保护的内容由具体的物质遗产保护，发展到抽象的格局、风貌保护，再到无形的非物质文化遗产保护和城市特色的延续和弘扬[37]。

2.3.5 规划成果

历史文化名城保护规划成果一般由规划文本、规划图纸和附件组成。规划文本应表述规划意图、目标和规定性要求，具体内容包括：

(1) 城市历史文化价值分析概述；

(2) 确定历史文化名城保护目标、保护原则、保护内容和工作重点；

(3) 城市总体层面上保护历史文化名城的措施：如古城功能调整，用地布局选择和调整，古城风貌、格局的保护等；

(4) 各级重点文物保护单位的保护范围、建设控制地带以及历史文化保护区的范围界线、保护要求和整治措施；

(5) 规划实施管理措施。

其中第(4)项作为城市总体规划的强制性内容。

规划图纸是为了辅助文本更加直观地表达现状和规划内容，在实际编制过程中，可根据需要增加图纸，它一般包括：

(1) 区位图；

(2) 历史文化遗产分布图，包括文物古迹、风景名胜的级别、类型和位置，历史文化街区和古城区位置、范围等；

(3) 历史文化名城保护规划总图，图中要标注各类保护控制区域：包括各级文物保护单位、风景名胜区、历史文化街区的位置、界限和保护控制范围，以及保护措施示意；

(4) 总体规划调整图，一般有用地功能调整、道路网调整、人口调整等；

(5) 各类专项规划图，如绿地景观规划图、遗产展示体系、公共空间规划、市政设施规划、防灾规划等；

(6) 各种分析图。

附件包括保护规划说明书，各类专题研究和基础资料汇编[11]。

2.4 历史文化名城保护规划的基础资料

2.4.1 历史文化名城保护规划基础资料的内容

历史文化名城都有着悠久的历史和丰厚的文化积淀，城内历史文化资源丰富，因此前期调研工作中会涉及数量庞大、种类繁多的基础资料，这些资料看似分散凌乱，其实相互都有着内在的逻辑关系，都与城市的历史发展有着紧密的联系，或多或少地影响着城市现在的空间格局和氛围。因此，全面搜集并科学分析这些基础资料，了解其特点，是名城保护规划编制工作的基础和前提。

编制历史文化名城保护规划需要收集的基础资料一般包括以下各项：

（1）城市历史演变、建制沿革、城址兴废变迁；

（2）城市现存地上和地下文物古迹、历史街区、风景名胜、古树名木、革命纪念地、近代代表性建筑以及有历史价值的水系、地貌遗迹等；

（3）城市特有的传统文物、手工艺、传统产业及民俗精华等；

（4）现存历史文化遗产及其环境遭受破坏威胁的情况[28]。

2.4.2　历史文化名城保护规划基础资料的特点

1）数据种类繁多

历史文化名城保护规划前期需要搜集的基础资料种类是相当繁杂的，从数据类型来看，除了地形图、历史资源位置等这些空间数据，还有介绍资源状况的属性数据；从数据时间维度上分，包括历史文化名城及其历史资源当前状况的资料，还包括各种历史地图、历史文献等各个历史时期的资料；从数据的获取方式看，要搜集尽量全面的二手资料，还要用"现场踏勘"、"访谈"、"调查问卷"等方式获得的一手资料。上述这些资料可能会涉及多个学科领域，从自然、地理，到历史、人文、考古，再到政治、经济等。

规划工作者在编制历史文化名城保护规划的时候，如果不能全面考虑这些基础资料所包含的重要信息，可能会顾此失彼，甚至因小失大，做出错误的决策。因此，科学的遴选、处理、分析多种类别的基础资料，关系着规划成果的质量高低。

2）数据量庞大

历史文化名城中的历史资源及其属性是保护规划基础资料的重要组成部分，对于大多数历史文化名城而言，这些历史资源数量庞大，类型多样，所承载的属性信息也十分繁杂。面对这样大量的数据，无论是数据的采集，还是数据的记录、存储、分类、研究都是一项极为困难的工作。

3）数据改动频繁

城市规划工作本身就是一个根据城市反馈的信息不断反复校正的过程，同时城市又是一个完整的体系，各种数据之间往往都有一定的逻辑关系，因此，每一个数据的修改都要牵扯到大量相关数据。历史文化名城保护规划作为总体规划层面上的专项规划，也有这个特点。

2.5　传统方法在历史文化名城保护规划编制中的不足

2.5.1　传统方法在基础资料储存管理工作中的不足

如上节所论述的，历史文化名城保护规划需要在细致的调研和充分的理解分析基础资料的基础上进行，能否有效的储存、提取和利用前期调研过程中所获取的各种资料和数据，决定着保护规划编制成果的质量。在现状调查过程中会获得大量文字、数字、图形和图像等信息，这些基础资料和数据都具有定位性，属于空间信息的范畴，需要空间信息技术对调查的数据进行有效管理和充分利用。传统的 CAD 技术，只能将这些空间数据记录在矢量图形文件中，并不能对这些大量的空间数据及空间数据相关的属性数据进行管理、更新和快捷的提取。

2.5.2 传统方法在历史文化名城保护规划编制过程中的不足

历史文化名城保护规划编制过程中,要对名城历史资源的历史和现状进行细致研究,对历史资源进行价值评定,在各种评价体系下将数据汇总和分析,并绘制大量现状分析图。传统的方法是经过人工计算,将计算结果以人工绘图的方式表达在图纸上,这种方法不仅工作量大、效率低,而且容易出现差错。另外,历史资源价值评定涉及多方面指标因子,需要运用数学方法和公式对数据进行处理计算,传统的 CAD 等作图软件不能对调研数据进行综合的管理、评价和分析,无法为后面的保护规划编制工作提供决策依据。第三,保护规划需要在现状分析的基础上,对多源、多比例尺的空间数据进行综合分析和判断,划定各种保护区、控制区,做出保护规划设计方案。目前传统的技术平台,主要是使用 CAD、3Dmax、sketchup 等计算机辅助设计软件制图,这些软件只是将规划编制人员感性分析的结果以二维或三维的形式直观表现在图纸上,它们对规划过程很难起到辅助支持的作用,所绘图纸本源仍是编制人员主观判断结果的图示体现。

2.5.3 传统方法在保护规划实施管理过程中的不足

保护规划最终的成效不仅取决于规划成果的质量,还有赖于管理部门在保护规划实施过程中的控制和管理。名城保护是一个长期的、动态的过程,需要全过程的动态管控和调整,这就要求管理部门能及时掌握各种能反映现状的动态资料,并将此作为保护和管控的依据。对于名城保护规划中列入保护名录的历史建筑和划定的历史地段要在相关管理部门进行登录,在对这些数据进行搜集和管理的过程中,由于相关信息与资料来源分散,使得查询困难、效率低下。另外,政府管理部门相互之间不能进行实时的信息交流,使得规划部门登录新的保护对象时,不能被政府管理部门掌握,数据无法同步更新,造成管理脱节。

2.6 本章小结

本章对历史城市保护国际宪章和我国保护规划发展过程进行了简要的回顾和总结;对历史文化名城保护规划基础资料的特点和编制成果的要求做了简要概述,并指出传统规划方法在基础数据管理和分析方法上存在的问题,对辅助规划过程中支持的不足,从中找到 GIS 技术与保护规划结合的适当切入点。建立一个能有效储存和管理保护规划基础数据的数据库,是保护规划和 GIS 技术衔接的重要纽带,具体建库理论和方法将在下一章作详细讨论。

3 基于 GIS 的历史文化名城空间数据库的设计与实现

将 GIS 技术应用于历史文化名城保护规划的编制工作中,能很大程度的提高工作效率并提升规划成果的客观性和科学性。如何系统地将 GIS 技术应用于历史文化名城保护规划编制的工程实践中? 基于 GIS 技术建立起一套能系统储存历史文化名城复杂历史信息的空间数据库——历史文化名城空间信息数据库,是将 GIS 技术应用于名城保护规划的基础工作和前提条件。

数据库的建库工作简言之就是:将纷繁复杂的基础资料根据保护规划的实际需要和数据库的基本原理抽象成各种数据模型,并将其整理入库的过程,这个过程的每个步骤形成了本章的框架结构(如图 3-1),本章将结合历史文化名城保护规划的特点和实际问题,介绍历史文化名城空间数据库的设计与实现的基本方法步骤。

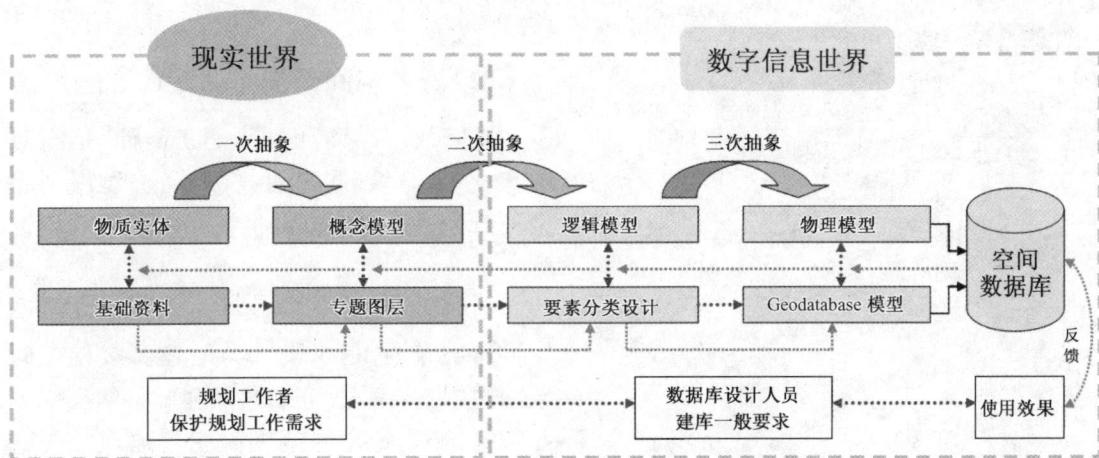

图 3-1 数据库建库过程图解

3.1 Geodatabase 数据模型

3.1.1 Geodatabase 数据模型简介

Geodatabase 是美国 ESRI 公司在 ArcGIS 软件中推出的一种新型面向对象的空间数据模型,是继 Shape 数据模型和 Coverage 数据模型之后的第三代地理数据模型。它采用面向对象技术将现实世界抽象为若干对象类组成的数据模型,每个对象类有各自的属性、行为、规则,对象类之间又有一定的联系。用户可以在已有的空间数据模型之上,建立符合自己要求的扩展模型,具有可扩展功能[39]。作为空间数据模型的一种,Geodatabase 的数据有着空间数据的一般特点,其基本特征包含空间特征和属性特征,分别对应空间特征数据和属性特征数据(简称空间数据和属性数据)。

空间特征是空间数据区别于一般数据的主要特征,是具有地理空间意义的特征信息。包括以下几类特征信息:

(1) 图形信息:描述地理要素位置和形状的信息。

(2) 几何类型信息:点状要素、线状要素、面状要素、复杂要素、三维要素等。

(3) 拓扑信息:描述地理要素空间关系的信息。

属性特征即不具有地理空间意义的描述性专题特征信息,主要包括:

(1) 名称信息:要素的专有名称,对某些要素有标识作用。

(2) 数量特征信息:描述要素大小或者其他可以度量的性能指标。

(3) 质量描述信息:说明要素的质量构成。

(4) 分类分组信息:说明要素的类型归属,用编码系统表示。

(5) 时间特征信息:是一种特殊属性特征,说明要素随时间推移发展或者变更状态[40]。

3.1.2 空间数据库的设计方法概述

空间数据库设计也称框架设计,是指对 GIS 中一系列数据集的数据、完整性规则和空间行为进行定义以满足某一专题需求的设计过程。

1) 专题图层

所谓专题,是与某一类地理要素相关的空间数据集合[41]。它通过地理要素的类别组织数据,是一定空间范围内相同地理要素的集合(如图 3-2)。专题图层表示单一种类的空间数据,通过专题解析出某种地理现象的不同层次,从而逆向推导出设计原则、空间数据的逻辑关系和数据的表达方式,为后续设计建立一个整体框架。

2) 数据组织

数据组织是指将各个专题图层按一定的逻辑关系进行架构,形成完整的逻辑框架。参考各种理论和实践经验的需要及南京城市的特点,历史文化名城空间数据库可以分为

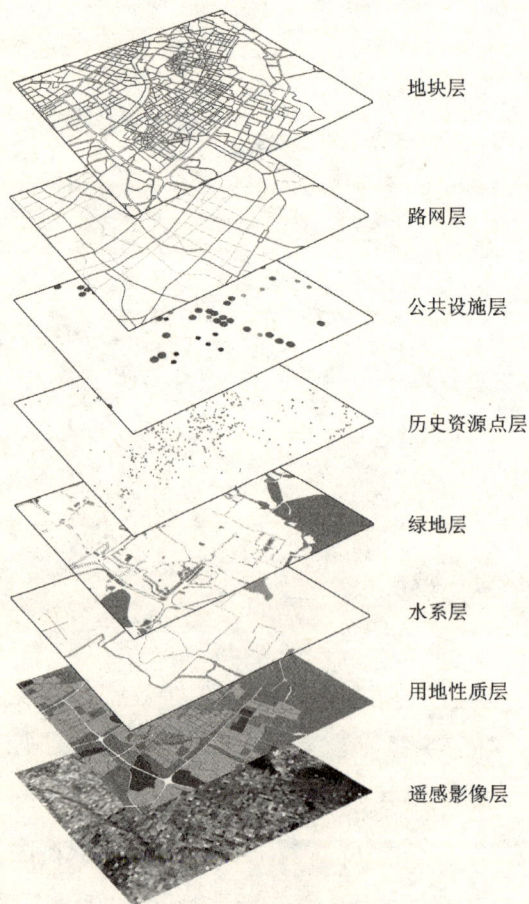

地块层
路网层
公共设施层
历史资源点层
绿地层
水系层
用地性质层
遥感影像层

图 3-2 专题图层含义图解

历史资源数据、历史环境数据、现状环境数据和边界数据四部分(如图 3-3 所示)。数据构成主要包括地理数据的矢量数据、基本属性数据及其图像类的栅格数据。组织数据的主要目的在于将它们分类分层次提取,并找到它们的空间分布特点和规律。

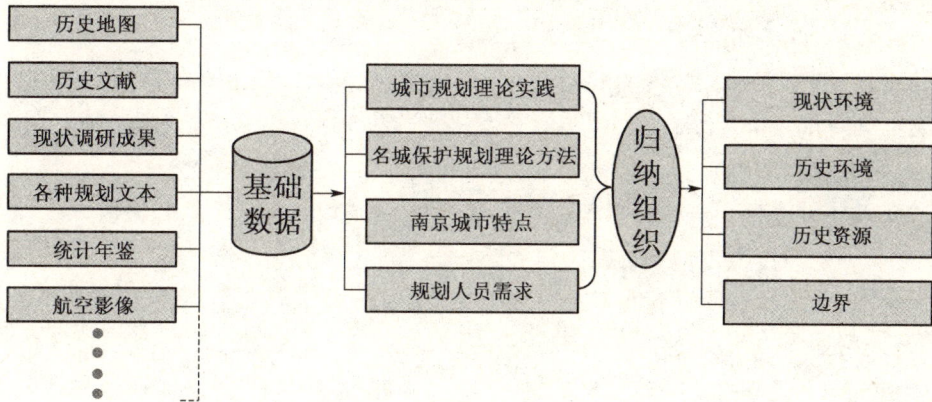

图 3-3　数据组织过程图解

3) 数据表达

数据表达是空间数据库设计的另一个方面,包括空间特征设计、属性特征设计以及高级空间行为设计、规则的设计(是指拓扑、关系类、子类、属性域等)。合理的数据表达能提高 GIS 的工作效率和水平。数据表达方式确定的主要依据是数据库用途,不同用途的数据库对数据表达方式有着不同的要求:例如应用于管理的 GIS 对信息的精确性、现时性和完整性要求较高;而应用于分析研究的 GIS 则侧重于数据所携带信息对研究的适用性,本次研究即属于后者。

3.1.3　数据库设计相关术语简要说明

要素(features)——真实世界现象的抽象;

要素类(Feature class)——同类空间要素的集合即为要素类[42];

要素数据集(Feature dataset)——共享空间参考系统的要素类集合[43];

属性(attribution)——要素的特性描述;

元数据(metadata)——关于数据的质量、内容、状况和其他特性的描述性数据;

栅格数据(aster data)——按网格单元的行与列排列、具有不同灰度或颜色的阵列数据;

矢量数据(vector data)——用 X、Y 坐标表示对象的位置和形状的数据。

3.2　历史文化名城空间数据库的概念模型设计

数据模型是数据库系统的核心和基础。为了把现实世界抽象和组织成数据模型,常常把现实世界中的客观对象抽象为某一信息结构,这种信息结构并不依赖于具体的计算机系统,而仅是一个概念级的模型。概念模型是现实世界到计算机世界的一个中间层[44],也是数据库设计人员与用户之间沟通的一种有效模型[45]。概念模型设计阶段需要解决需求分析、数据分析和专题图层设计三项任务。

3.2.1 需求分析

分析用户对数据库的需求,充分把握用户的功能需求、提供数据的能力,是设计数据库最重要的步骤之一。此次研究中,历史文化名城空间数据库的使用对象为保护规划编制人员,其工作内容和性质具有如下特点:保护规划涉及的地域范围大、层次多;保护规划涉及的对象包括各种法定文物保护单位及其他有历史价值的历史遗存;对文物保护单位需要划定保护区范围、确定建设控制地带。

在系统功能需求方面,通过分析历史文化名城保护规划编制的工作类型、工作流程和信息特点,可以归纳为以下几方面:

1) 数据储存、描述和空间展示

历史文化名城空间数据库的首要功能需求是帮助规划工作者储存和提取海量基础数据,实现空间数据和属性数据快速的互相查阅(如图 3-4 所示)。这些数据信息从内容上可分考古发掘点、文保单位、历史遗迹、优秀历史建筑等多种类型;从表达方式上,包括文本、报表、地图、图片、多媒体等类型;使用功能包括信息的录入、修改、整理、备份、浏览、检索、分析、提取、输出。

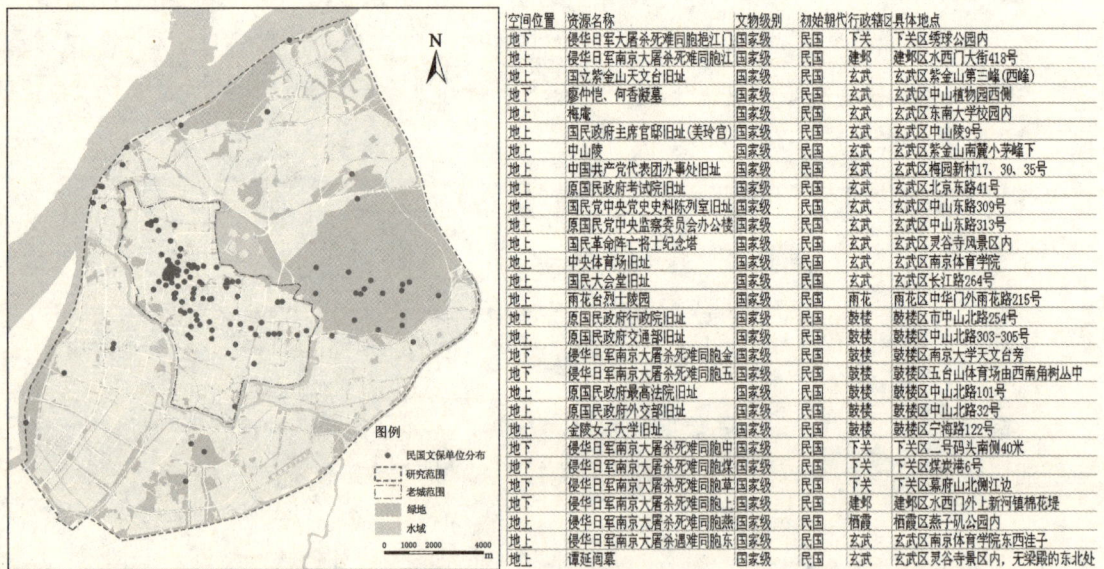

图 3-4 图与属性互查——南京主城区民国时期文保单位分布图与部分文保单位列表

2) 辅助决策、制定保护名录

包括双向查询检索、统计表与专题图生成,如按照保护级别、年度、保护单位、空间区域等条件进行检索和生成统计图表,全面直观地了解历史资源在市域范围内分布并量化分析资源点的历史价值(如图 3-5 所示)。

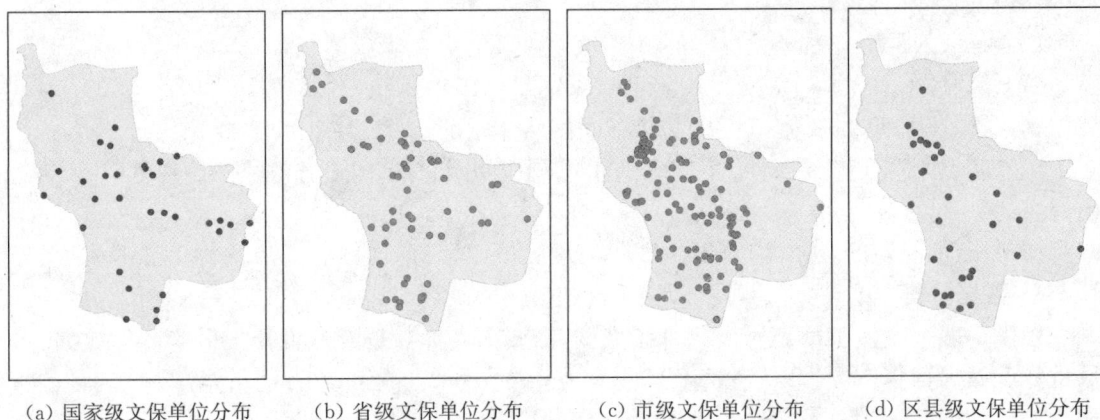

| （a）国家级文保单位分布 | （b）省级文保单位分布 | （c）市级文保单位分布 | （d）区县级文保单位分布 |

图 3-5　专题制图——南京老城内各级历史资源分布图

3）划定保护区范围

保护区范围的划定是保护规划中的一项重要工作，通过将资源点进行不同等级的分类，叠置用地现状，并通过对已有规划成果的解读，编制人员可根据这些相关信息划定出适宜的保护区范围，并制定相应的保护规则和措施。

4）城市空间格局的控制

通过一些应用分析模型，保护规划范围内建筑密度统计、违规建筑统计、拟建工程对保护区环境风貌的影响，了解历史资源的保护现状，并提出全面控制城市格局的方案。

3.2.2　数据分析

数据分析是空间数据库概念设计阶段需要解决的问题，包括入库数据的范围、数量、类型等，梳理现有数据源，拟定入库计划。每个历史文化名城都有其自身的特点，但从基础资料的数据源分析角度来看，还是有许多共性，处理方法也是有规律可循的。

1）空间范围

南京历史文化名城空间数据库数据采集涉及的空间范围是：以明城墙所围合的老城为中心，以《南京市总体城市规划（1991—2010 年）》中划定的主城区范围为研究范围。

2）数据来源

空间数据库的数据搜集方式与传统保护规划基础资料调研方式基本相同，同样分为现场踏勘和文献查阅两大部分，绝大多数的入库数据来自文献资料的整理，文献资料通常来自航空影像图、古地图集、地方志、各种相关规划资料及成果等。此次研究所涉及图形、图像和文字资料主要来自以下专项研究及专著，在此统一列出，后面章节分析、使用相关资料时不再详细介绍出处来由。

（1）姚亦锋.南京城市地理变迁及现代景观[M].南京：南京大学出版社，2006

（2）朱偰.金陵古迹名胜影集[M].北京：中华书局，2006

（3）（明）礼部；陈沂.洪武京城图志·金陵古今图考[M].南京：南京出版社，2006

（4）南京市地方志编纂委员会.南京城市规划志（上、下）[M].南京：江苏人民出版社，2008

（5）南京市规划局，南京大学文化与自然遗产研究所.南京城市空间的历史演变及其文化内涵研究.

（6）南京大学历史系,南京规划编研中心.南京历史文化资源普查,2005—2007

（7）董卫,东南大学.南京历史空间文脉研究.2007

（8）董卫,东南大学.南京历史文化空间网络体系的构建.2008

（9）东南大学,南京规划局,南京规划编研中心.南京历史文化名城保护规划以及专题研究,2009

（10）南京规划局.历次南京历史文化名城保护规划材料,1984—2002

3）数据分类

参考一般名城保护规划所需的基础数据,需要入库的数据可从性质上分为图形数据、图像数据和属性数据三大类;从逻辑上可以分为环境数据、历史资源数据、边界数据三类。与概念模型关系密切的分类方法是后者,每种类型数据的内容如下:

（1）环境数据:即历史资源所存在的基质,按照时间维度可划分为现状环境数据和历史环境数据两大类。

① 现状环境数据:是描述当前城市物质和社会空间形态的空间和属性数据集合,一般来自城市测绘图、航空影像图和现状调研的成果等,空间定位具有很高的精确性,是空间数据库的基础,优先入库的是地形、水系、道路、建筑单体等数据,以建立基本的空间参照。

② 历史环境数据:是某一历史时期城市形态所抽象的空间和属性数据集合。一般来说,历史环境数据来自历史地图、历史文献、考古资料以及历史学者的研究成果等。多数历史环境数据是按照某一时间片段集中采集和产生的,在其采集和转译的过程中受主观因素影响较大。受限于它的来源和特点,其精确性、携带信息是有限的,缺乏有效的空间参照,比较适合作为定性的研究参照。历史环境数据中需要优先入库的是地形、道路、建筑,水系和城墙也是重要的历史环境。

（2）历史资源数据:是保护规划中的保护对象所抽象成各种几何形态的空间数据和它们相关属性数据的集合,在实体层面上可能与历史环境数据有部分重叠,但在逻辑层面上则可以清楚地将其划分——两者关系是保护对象与其所存在基质的关系。历史资源包括各级文物保护单位、非法定历史建筑、构成名城特色的城市格局肌理、自然环境、山水格局、风景名胜、古树名木、反映传统风貌或地方特色的历史街区、建筑群等。

（3）边界数据:是指各种统计边界的几何空间数据集合,包括主城边界、老城边界、地块单元边界等。

3.2.3 专题图层设置

由于城市的自然、历史变迁情况等多种原因,每个名城的空间格局各具特色,其环境构成要素各有千秋,保护对象也有差异,因此不同类型城市的名城空间数据库所需要设置的专题图层有一定的差别。以下是南京历史文化名城保护研究框架下需要设置的专题图层,在其他具体案例设计中应根据实际的空间构成和研究方向,做适当增加和删减。

需要说明的是,由于基础资料的纷繁复杂与后续规划工作的很多不可预见因素,在数据库设计之初,应尽可能将基础资料抽象成专题图层,已备后续数据库的设计需要。

（1）地形地貌:地貌表面或其所携带的地形信息,如坡度、坡向、地形、地形粗糙度、地形起伏度等,是理解城市空间格局的基础要素,很多宏观微观的分析都要基于此进行。

（2）水系：是构成城市空间物质形态重要的空间因素，也是城市形态变迁中重要的影响因素，是自然因素和人为因素并重的典型代表。

（3）植被绿化：城市绿色开放空间，是研究环境质量品质的重要因素之一。

（4）交通基础设施：一般包括各级道路、轨道交通站点和交通节点。

（5）公共设施：各级文体卫设施。

（6）城市中心：各级城市商业、文化、行政中心。

（7）地块：分析城市空间的基本单元，包括行政单元、各级道路和自然山水所划分的地块。

（8）建筑：建筑是城市研究中重要考察对象之一。历史文化名城保护规划中关于建筑研究的重点不是建筑单体，而是其所构成的群体空间形态和分布规律，建筑单体则作为分析需要的微观空间信息载体。

（9）城墙：有些城墙（如南京明城墙）是空间意义上老城的界限，有些城墙已没有物质痕迹（如南京明外廓），但为了研究历史格局依然会将其按照朝代落在空间位置上。

（10）历史资源点：包括各级别的文保单位和其他优秀的历史建筑、构筑物等。

（11）历史廊道：与历史格局关系密切的街道、城墙、水系等。

（12）风景名胜区：是指具有观赏、文化或者科学价值，自然景观比较集中，环境优美，可供人们游览或进行科学、文化活动的区域[46]。

（13）底图：遥感影像和测绘地形图。

3.2.4　数据库概念设计框架

综合以上数据分析和分类的结果，南京历史文化名城空间数据库各类数据专题图层设计如图 3-6。

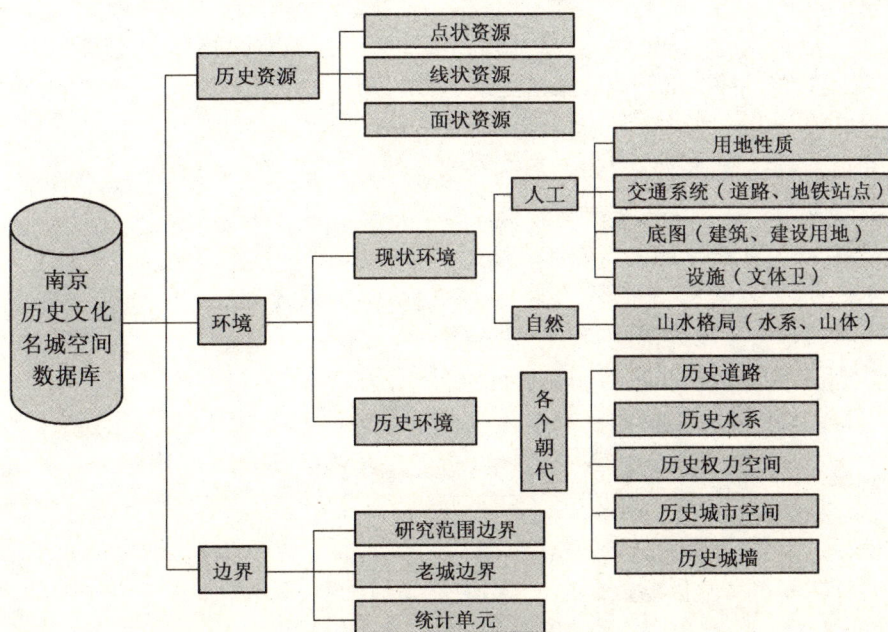

图 3-6　历史文化名城空间数据库概念设计框架

1）现状环境

包括遥感影像、地形图、建筑底图、绿地、山体（轮廓线、高程点）、水系、交通设施（道路、地铁线路、地铁站点）、文体卫公共设施、城市中心。

2）历史环境

包括各朝代的历史水系、城墙，城市空间、权力空间、道路。

3）历史资源

点状历史资源（历史建构筑物、近现代建构筑物、古遗址、古墓葬、石刻）、线状历史资源（历史轴线、古城墙、古河道、有历史价值的街道）、面状历史资源（即有历史价值的城市地段）。

4）边界

用地单元、控规管理单元、老城边界、主城边界。

虽然在概念设计阶段已尽可能全面地将基础数据归纳入库，但由于设计规划过程中的不可预见因素和基础资料的不断搜集更新，以上模型会不断增加新的图层；另外，有些数据虽然在某次规划过程中没有被使用，但为了数据库的逻辑完整性以及将来规划工作的需要，仍需将其保留在数据库中。综上所述，以上模型也并非一成不变，而是随着数据变化和规划进程而动态更新的。

3.3 历史文化名城空间数据库逻辑模型设计

3.3.1 逻辑模型设计概述

逻辑模型设计是将概念模型设计阶段设置的专题图层转化为符合 Geodatabase 逻辑结构的模型，包括空间、属性特征数据设计和高级空间行为和规则的定义，具体内容如下：

1）使用恰当的 Geodatabase 数据模型表达数据清单中的地理要素

首先根据概念设计中的分类原则建立若干专题的要素数据集，然后对各地理要素进行数据表达和组织，具体包括：将离散的矢量数据组织到特定的要素数据集或要素类中，将连续的栅格数据和表面数据组织到栅格数据集或者栅格目录中。

2）为要素的属性信息定义表格结构和行为

属性字段的相关属性包括要素名称、空间参照、坐标系统、缺省值、精度、范围等，并利用子类和属性域等定义要素的空间行为和完整性。

3）定义要素的高级空间行为和完整性规则

根据需要使用的关系类模拟各种空间或者非空间关系，为网络系统创建网络，通过定义拓扑进行要素空间约束以增强空间一致性。对于数据量小且不宜分割的数据（如道路、地名等）建库时不宜进行分割；对于影像及 DEM 数据，采用金字塔结构建库；对于地形图数据，采用分层（要素）存储、分幅更新的方式来储存和维护。在地形图数据建库时，采用 Geodatabase 数据模型来建立地形图数据集，采用逻辑无缝的数据组织方式对整个建库区域的数据分块存储[41]。

3.3.2　要素分类

根据概念模型设计中需求分析、数据组织、数据分析的结果,把所有要素分成四个要素类,分别是现状环境要素、历史环境要素、历史资源要素以及边界要素,其中历史环境要素涉及详细历史分期等问题,因此其属性表命名有更详细的分类。具体要素分类信息如表 3-1所示:

表 3-1　要素分类信息表

类型名称		几何类型	属性表名	备　　注
现状环境要素	建筑底图要素	Polygon	JZYS	现状要素中数据来源是最近城市现状图
	山体要素	Polygon	STYS	
	绿地要素	Polygon	LDYS	
	水系要素	Polygon	SXYS	
	道路要素	Line	DLYS	
	地铁站点要素	Point	DTYS	
	文体卫设施要素	Point	WTWYS	
	城市中心要素	Point	ZXYS	
历史环境要素	朝代分期 *	水系要素	Polygon	* SXYS	"*"表示某历史阶段缩写;如"清代"为"QD"
		道路要素	Line	* DLYS	
		城墙要素	Line	* CQYS	
		城市空间要素	Polygon	* CSYS	
		权力空间要素	Polygon	* QLYS	
历史资源要素	点状历史资源要素	Point	DZYS	具体划分依据详见第四章
	线状历史资源要素	Line	XZYS	
	面状历史资源要素	Polygon	MZYS	
边界要素	用地单元要素	Polygon	YDYS	——
	控规单元要素	Polygon	KGYS	
	主城边界要素	Polygon	ZCYS	
	老城边界要素	Polygon	LCYS	

3.3.3　属性表格结构设计

确定要素的分类和名称后,需要根据基础资料的数据特点和保护规划工作的要求,为每种要素设计属性信息表的结构,这个表格在录入属性信息后将与要素的空间信息一起进入空间数据库。

设计要素属性表的结构时,要尽量使设置的字段涵盖要素全部信息,但在数据库的使用过程中,某些要素的字段也需要不断新增,例如在历史资源评价体系的架构过程中,需要根据评价体系为各类历史资源要素新建一些与评价因子相关的字段,这些字段在建库之前是无法预知的。因此,以下属性表的字段内容并非一成不变,而是跟着项目进展过程中的需求,随时进行动态更新。

1) 历史资源要素属性表设计

表 3-2　历史资源点状要素属性表(DZYS)

序号	字段名称	字段代码	字段类型	字段长度	小数位	缺省值
1	登记序号	DJXH	Text	10	—	No
2	X 坐标值	XZBZ	Float	15	3	No
3	Y 坐标值	YZBZ	Float	15	3	No
4	资源名称	ZYMC	Text	50	—	No
5	资源原名	ZYYM	Text	50	—	Yes
6	类别大类	LBDL	Text	20	—	No
7	类别小类	LBXL	Text	20	—	No
8	文物级别	WWJB	Text	10	—	No
9	初始朝代	CSCD	Text	10	—	Yes
10	行政辖区	XZXQ	Text	10	—	No
11	现状照片	XZZP	Image	—	—	Yes
12	航片	HP	Image	—	—	Yes
13	区位图	QWT	Image	—	—	Yes

表 3-3　历史资源线状要素属性表(XZYS)

序号	字段名称	字段代码	字段类型	字段长度	小数位	缺省值
1	登记序号	DJXH	Text	20	—	No
2	资源名称	ZYMC	Text	50	—	No
3	廊道类型	LDLX	Text	30	—	No
4	廊道长度	LDCD	Float	15	2	No
5	现状照片	XZZP	Image	—	—	Yes
6	航片	HP	Image	—	—	Yes
7	区位图	QWT	Image	—	—	Yes

表 3-4　历史资源面状要素属性表(MZYS)

序号	字段名称	字段代码	字段类型	字段长度	小数位	缺省值
1	登记序号	DJXH	Text	20	—	No
2	资源名称	ZYMC	Text	50	—	No
3	街区面积	JQMJ	Float	15	2	No
4	街区周长	JQZC	Float	15	2	No
5	现状照片	XZZP	Image	—	—	Yes
6	航片	HP	Image	—	—	Yes
7	区位图	QWT	Image	—	—	Yes

2）历史环境要素属性表设计（以明清时期要素为例）

历史环境要素有时间维度的分类，因此其要素的命名规则需要加上朝代的拼音缩写以示区分，至于是否将各类要素的历史时期统一划分，则与基础资料的详实程度和规划过程中的需求有关，在数据库设计之初，建议尽可能将要素全面、细致的分期。

表 3-5　历史环境水系（明清）要素属性表（MQ-SXYS）

序号	字段名称	字段代码	字段类型	字段长度	小数位	缺省值
1	序号	XH	Text	20	—	No
2	水系面积	SXMJ	Float	15	2	No
3	水系周长	SXZC	Float	15	2	No

表 3-6　历史环境道路（明清）要素属性表（MQ-DLYS）

序号	字段名称	字段代码	字段类型	字段长度	小数位	缺省值
1	序号	XH	Text	20	—	No
2	道路名称	DLMC	Text	50		Yes
3	道路长度	DLCD	Float	15	2	No

表 3-7　历史环境城墙（明清）要素属性表（MQ-CQYS）

序号	字段名称	字段代码	字段类型	字段长度	小数位	缺省值
1	序号	XH	Text	20	—	No
2	城墙名称	CQMC	Text	50		No
3	城墙长度	CQCD	Float	15	2	No

表 3-8　历史环境城市空间（明清）要素属性表（MQ-CSYS）

序号	字段名称	字段代码	字段类型	字段长度	小数位	缺省值
1	序号	XH	Text	20	—	No
2	面积	MJ	Float	15	2	No

表 3-9　历史环境权力空间（明清）要素属性表（MQ-QLYS）

序号	字段名称	字段代码	字段类型	字段长度	小数位	缺省值
1	序号	XH	Text	20	—	No
3	面积	MJ	Float	15	2	No

3）现状环境要素属性表设计

表 3-10　现状环境建筑底图要素属性表（JZYS）

序号	字段名称	字段代码	字段类型	字段长度	小数位	缺省值
1	序号	XH	Text	20	—	No
2	占地面积	ZDMJ	Float	10	2	No
3	建筑层数	JZCS	Float	4	—	No
4	建筑高度	JZGD	Float	10	2	No

表 3-11　现状环境山体要素属性表(STYS)

序号	字段名称	字段代码	字段类型	字段长度	小数位	缺省值
1	序号	XH	Text	20	—	No
2	山体面积	STMJ	Float	10	2	No
3	山体高度	STGD	Float	10	2	No

表 3-12　现状环境水系要素属性表(SXYS)

序号	字段名称	字段代码	字段类型	字段长度	小数位	缺省值
1	序号	XH	Text	20	—	No
2	水系面积	SXMJ	Float	10	2	No

表 3-13　现状环境道路要素属性表(DLYS)

序号	字段名称	字段代码	字段类型	字段长度	小数位	缺省值
1	序号	XH	Text	20	—	No
2	道路名称	DLMC	Text	20	—	Yes
3	道路等级	DLDJ	Text	10	—	No
4	道路长度	DLCD	Float	10	2	No

表 3-14　现状环境地铁站点要素属性表(DTYS)

序号	字段名称	字段代码	字段类型	字段长度	小数位	缺省值
1	序号	XH	Text	20	—	No
2	站点名称	ZDMC	Text	20	—	Yes
3	X 坐标值	XZBZ	Float	15	2	No
4	Y 坐标值	YZBZ	Float	15	2	No

表 3-15　现状环境城市中心要素属性表(ZXYS)

序号	字段名称	字段代码	字段类型	字段长度	小数位	缺省值
1	序号	XH	Text	20	—	No
2	中心级别	ZXJB	Text	20	—	No
3	X 坐标值	XZBZ	Float	15	2	No
4	Y 坐标值	YZBZ	Float	15	2	No

4) 边界要素属性表设计

表 3-16　边界用地单元要素属性表(YDYS)

序号	字段名称	字段代码	字段类型	字段长度	小数位	缺省值
1	序号	XH	Text	20	—	No
2	单元周长	DYZC	Float	15	2	No
3	单元面积	DYMJ	Float	15	2	No
4	用地性质	YDXZ	Text	10	—	No

表 3-17　边界控规管理单元要素属性表 (KGYS)

序号	字段名称	字段代码	字段类型	字段长度	小数位	缺省值
1	序号	XH	Text	20	—	No
2	单元周长	DYZC	Float	15	2	No
3	单元面积	DYMJ	Float	15	2	No

表 3-18　边界主城范围要素属性表 (ZCYS)

序号	字段名称	字段代码	字段类型	字段长度	小数位	缺省值
1	主城边长	ZCBC	Float	15	2	No
2	主城面积	ZCMJ	Float	15	2	No

表 3-19　边界老城范围要素属性表 (LCYS)

序号	字段名称	字段代码	字段类型	字段长度	小数位	缺省值
1	老城边长	LCBC	Float	15	2	No
2	老城面积	LCMJ	Float	15	2	No

3.4　历史文化名城空间数据库物理模型设计

物理模型设计即物理建库过程,包括总体设计和空间数据库实体设计。总体设计主要是对数据命名规则的设定,兼顾通用性、可扩展性和用户友好性三项原则。空间数据库实体设计可参照逻辑设计的步骤,从空间数据到属性数据分步完成物理建库过程。

3.4.1　编码设计

由于后面章节中对历史资源评价的需要,因此在编码设计部分详细讲述历史资源数据的编码分类方式,历史环境数据、现状环境数据、边界数据的编码方式较为简易且次要,在此不做详细解析。

目前国内普遍采用的历史资源编号命名方法参考《第三次全国文物普查实施方案及相关标准、规范》中的"第三次全国文物普查不可移动文物定名标准",上述编码标准包含了遗产所在省(包括自治区、直辖市)、级别、类别等信息[48]。但是鉴于历史文化名城保护规划研究的特点,本文将很多非点状的历史资源(如历史街区、历史廊道)也纳入历史资源要素类中,无法对其级别和类别按点状文物的类别归类。因此,本着简约、准确、易懂、避免重复的原则,将历史资源按如下方法进行编码。

各类历史资源代码由三位字母和 10 位阿拉伯数字的字符组成,结构为:
①×××②××××③××④××××
①历史资源类型　②城市代码　③辖区代码　④顺序号
编号为①的三个字母代码表示要标识的遗产的类型,根据表 3-20 对应关系来确定。

表 3-20 历史资源分类代码

	点状历史资源	线状历史资源	面状历史资源
英文	Historical Resources Point	Historical Resources Line	Historical Resources Area
代码	HRP	HRL	HRA

表 3-21 南京市主城内辖区代码

行政区	标准代码	入库代码	备　　注
玄武区	320102	02	
白下区	320103	03	
秦淮区	320104	04	对于跨区或不易划归辖区的历史资源,将其编码为"00"
建邺区	320105	05	
鼓楼区	320106	06	
下关区	320107	07	
跨区	320100	00	

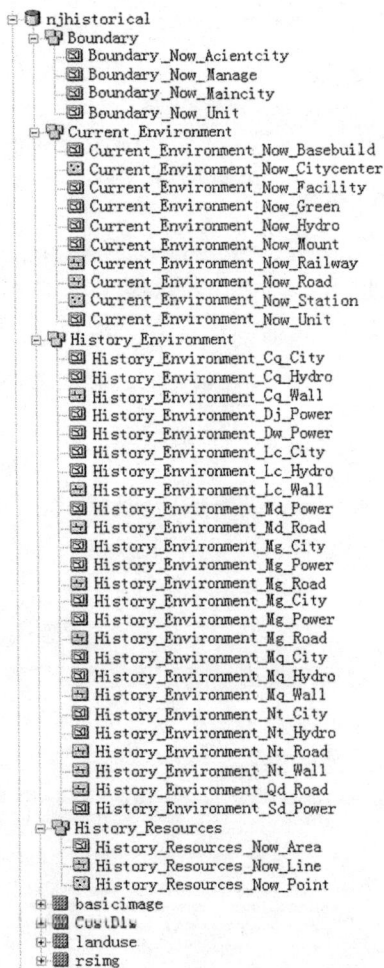

```
☐ njhistorical
  ☐ Boundary
      Boundary_Now_Acientcity
      Boundary_Now_Manage
      Boundary_Now_Maincity
      Boundary_Now_Unit
  ☐ Current_Environment
      Current_Environment_Now_Basebuild
      Current_Environment_Now_Citycenter
      Current_Environment_Now_Facility
      Current_Environment_Now_Green
      Current_Environment_Now_Hydro
      Current_Environment_Now_Mount
      Current_Environment_Now_Railway
      Current_Environment_Now_Road
      Current_Environment_Now_Station
      Current_Environment_Now_Unit
  ☐ History_Environment
      History_Environment_Cq_City
      History_Environment_Cq_Hydro
      History_Environment_Cq_Wall
      History_Environment_Dj_Power
      History_Environment_Dw_Power
      History_Environment_Lc_City
      History_Environment_Lc_Hydro
      History_Environment_Lc_Wall
      History_Environment_Md_Power
      History_Environment_Md_Road
      History_Environment_Mg_City
      History_Environment_Mg_Power
      History_Environment_Mg_Road
      History_Environment_Mg_City
      History_Environment_Mg_Power
      History_Environment_Mg_Road
      History_Environment_Mq_City
      History_Environment_Mq_Hydro
      History_Environment_Mq_Wall
      History_Environment_Nt_City
      History_Environment_Nt_Hydro
      History_Environment_Nt_Road
      History_Environment_Nt_Wall
      History_Environment_Qd_Road
      History_Environment_Sd_Power
  ☐ History_Resources
      History_Resources_Now_Area
      History_Resources_Now_Line
      History_Resources_Now_Point
  ⊞ basicimage
  ⊞ CustDla
  ⊞ landuse
  ⊞ rsimg
```

图 3-7 空间数据库总体设计

引用国家标准的相关内容[49],编号为②的四位代码表示所研究的城市,编号为③的两位代码表示资源所属辖区,此标准中江苏省南京市的代码为 3201,辖区编号如上表 3-21 所示。

编号为④的四位代码表示在②③代码所标识的地域范围内,类别相同的遗产的顺序号,在 0001～9999 的取值范围内升序编号。排列时应以遗产的年代为依据;遗产的年代相同或不明确时,按其名称音序为依据排列。

3.4.2　总体设计

总体设计主要是数据命名规则的设计,考虑到通用性、可扩展性和用户友好性,历史文化名城空间数据命名的典型结构设计为:

①类型名称_②时期_③信息内容

如:Historical Resources_Now_Point

编码①表示要素所属的类别,编码②表示要素所属的时期,编码③表示要素所包含的信息的内容,每个编码名称之间用"_"分隔。由于在本次研究中,历史资源要素、现状要素、边界要素没有时间维度上的划分,因此将其"②时期"一项统一命名为"now",兼顾可扩展的原则,若数据库今后需要扩展,可将此数据名称的"now"替换为具体年份如"2010",并将更新的数据以新入库时间命名。

根据概念设计中数据组织、数据分析以及专题图层设计的结果,把所有要素分为四类,具体命名规则如

图3-7 和表3-22 所示：

表 3-22　要素分类命名规则表

类型名称			层名	备注
历史资源要素	点状要素		Historical_Resources_Now_Point	
	线状要素		Historical_Resources_Now_Line	—
	面状要素		Historical_Resources_Now_Area	
历史环境要素	历史分期*	水系要素	Historical_Environment_ * _ Hydro	"*"代表某朝代缩写,例如:"春秋"即为"Cq"
		道路要素	Historical_Environment_ * _ Road	
		城墙要素	Historical_Environment_ * _ Wall	
		城市空间要素	Historical_Environment_ * _ City	
		权力空间要素	Historical_Environment_ * _ Power	
现状环境要素	建筑底图要素		Current_Environment_Now_Base	当有数据更新时,可将"now"替换为具体年份如"2010",并以新时间命名新要素
	山体要素		Current_Environment_Now_Mount	
	绿地要素		Current_Environment_Now_ Green	
	水系要素		Current_Environment_Now_ Hydro	
	道路要素		Current_Environment_Now_ Road	
	地铁站点要素		Current_Environment_Now_ Station	
	文体卫设施要素		Current_Environment_Now_Facilities	
	城市中心要素		Current_Environment_Now_Citycenter	
边界要素	用地单元要素		Boundary _Now_Units	
	控规单元要素		Boundary _Now_ Manage	
	老城边界要素		Boundary _Now_Ancient city	
	主城边界要素		Boundary _Now_Main city	

3.4.3　元数据标准

结合 ArcGis9.X 软件中 ArcCatalog 环境下元数据可操作性因素,采用国家基础地理信息系统(NFGIS)元数据标准草案为元数据标准[50],主要填写 Identification 和 Spatial Reference 两个大项,具体内容如下表所示:

表 3-23　元数据标准

填写项目		填写说明
Identification 项		
General	摘要(abstract)	数据集的简单说明
	目的(Purpose)	数据集创建的目的
	语言(Language)	使用的语言,定义为中文
	补充信息(Supplemental information)	数据集的补充信息
	访问限制(Access constraints)	对于数据集访问设置权限
	默认数据集格式(Native data set format)	File Geodatabase Feature Class

填写项目 Identification 项		填写说明
Contact	最主要联系(Primary contact)	关键数据联系机构或人
	个人(Personal)	—
	组织(Organization)	—
	位置(Position)	—
	联系电话(Contact phone)	联系人电话
	传真(Contact fax number)	传真号码
	邮件(Contact email address)	电子邮件地址
	联系说明(Contact instructions)	—
Citation	标题(Title)	数据集的名称
	机构(Organization)	数据提供机构的名称
	出版日期(Publication data)	数据集出版或者发布日期
	地理空间数据表现(Geospatial presentation)	数据集类型
Status	进度(Progress)	数据集目前处理进度
	更新频率(Update frequency)	—
Browse graphic	文件名称(File name)	—
	描述(Description)	—
	文件类型(File type)	例如 gif，jpg 等
Identification 项		—
General	地理坐标系名称(Geographic coordinate system)	—
	投影坐标系名称(Projected coordinate system)	—
	水平基准面名称(Horizontal datum name)	—
	椭球体名称(Ellipsoid name)	—
Horizontal coordinate system	地理纬度精度(Latitude resolution)	—
	地理经度精度(Longitude resolution)	—
	地理坐标单位(Geographic coordinate unit)	—
Vertical coordinate system	高程数据名称(Altitude datum name)	—
	高程距离单位(Altitude distance unit)	—
	高程精度(Resolution)	—

来源：中国国家地理信息中心

3.4.4 数据储存

1) 矢量数据存储

以 ArcGIS9.X 为软件平台，建库数据的数据格式采用 File Geodatabase 进行存储和管理。

2) 图片存储

图片的命名由两个部分组成，遗产编号＋图片类型，图片类型可以分为现状照片、航片和区位图。图片的存储选择在与数据库同一文件夹下,建立一个与要素相同名称的文件夹,在此之下,分别建立现状照片、航片和区位图文件夹用来存放图片。

3.5　本章小结

　　本章以一般数据库的建库方法为理论基础,结合空间数据库的特点和保护规划的工作需求,建立起了一套以 Geodatabase 为数据模型,以南京为实例的"南京历史文化名城空间数据库"。建库的核心任务在于将繁杂的基础数据抽象成为规划人员易懂、适用并且能被计算机系统所接受的数据模型。建库技术难点在于保护规划的理论实践、空间信息技术与数据库技术的结合,这需要对数据库基础知识的了解和对保护规划内涵和工作过程的熟悉;建库工作重点则在于海量数据的搜集、整理、录入和更新维护,这需要各相关部门的配合以及长时间的人力物力投入。

　　由于许多现状数据难以获取,在图层设置和要素分类方面难免也有疏漏,因此本章所建立的数据模型和"南京历史文化名城空间数据库"作为研究参考,在各具体保护规划项目的应用过程中,需要结合规划实例,收集相关的数据,使基于 GIS 技术所建立的空间数据库能更加有效地支持保护规划的工作过程。

4 历史文化资源评价体系的建立与保护名录的制定——以南京为例

历史文化遗产的独特性和不可再生性使之成为全人类的宝贵财富,按照可持续发展的原则,应当对其进行全方位的保护和适当的利用,但当今中国城市快速发展的脚步却让人们没有条件将所有历史资源及其周边环境都进行冷冻式保存。如何在保护和发展之间找到最佳的平衡点? 这给名城保护规划提出了一项新要求——在全面、科学的调研和评估的基础上,将历史文化遗产按其价值大小分等级,制定不同级别的保护策略。

目前我国历史文化名城保护规划编制过程中,尚缺乏对历史文化资源价值的认识和梳理,多数沿用已有的文物评价标准,按照国家法定的保护级别给予相应的保护措施。这些造成对历史资源的价值认识不够客观与全面,直接影响到保护内容的全面性和准确性,使得大量未纳入保护对象的优秀历史建筑被忽视,与城市历史文化密切相关的整体格局和肌理遭到破坏[51]。

国内对历史资源评估模式的研究尚处于起步阶段,对于如何科学的衡量各类历史资源的价值,至今仍没有一套完整的指标体系[52]。目前,很多学者对于如何将定量分析的数学方法引入历史遗产保护的评价体系中做了一定的研究工作,但由于缺乏强大的数据和空间分析技术支持,难以对庞大的调研和评价数据进行科学的归纳整理,使得多数研究目前只能停留在小范围——例如历史街区、历史地段或风景名胜区的历史遗产价值评估等,难以将之推广到历史文化名城保护规划的总体规划层面。

基于对历史资源本身以及名城格局的保护原则,本章在综合研究历史遗产的评价体系基础上,基于"历史文化名城空间数据库"数据平台,结合相关的数学方法和GIS空间分析功能,选择具体的研究案例,对历史文化名城保护规划中不同的保护对象进行评价,建立历史文化遗产的保护名录。

4.1 指标设计方法与中外历史文化遗产评价方法

4.1.1 指标类型与指标设计方法概述

1) 指标的类型

指标(indicator),来源于拉丁文"indicare",其含义是揭示、指明、宣布或使人了解等,可以简单定义为对基本数据的集成或综合。指标的含义并不仅仅局限于数据本身,它是用来评估现状、趋势同目标之间关系,是对一整套目的和政策目标做出反映,显示出目标是否达到。基于保护历史遗产的总体目标,指标类型可按以下方式分类:

（1）描述性指标和评价性指标

指标按照其功能可分为描述性指标和评价性指标。描述性指标的特征是具体反映出某种现象的状况，这种指标具有元素性、基础性。评价性指标是基于总目标，对各个方面、各个层次的指标进行综合、汇总最终形成的一个总指数。评价性指标多来源于描述性指标。

（2）实物指标和货币化指标

指标按照其表述单位可分为实物指标和货币化指标。实物指标可以较为准确的反映某种现象；而货币化指标主要目的是将评价目标纳入国民经济核算体系，如用经济、社会福利的尺度衡量历史遗产的价值。

（3）驱动力指标、状态指标和响应指标

驱动力（driving force）指标，是用以监测影响历史遗产的人类活动、进程和模式的指标，主要反映人类活动及其过程以及活动方式对历史遗产现状和未来的影响。状态（state）指标用以监测历史遗产某一阶段和某一时刻的状态或水平。响应（response）指标用以监测规划方案的制定和其他人类活动对历史遗产的响应，主要反映人类活动对历史遗产的影响。

（4）单项指标、专题性指标和系统化指标

指标按照其浓缩信息的程度可分为单项指标、专题性指标和系统化指标。单项指标侧重于对基本情况的描述，对数据的综合程度最低，数量多。专题性指标，是针对目标，如历史资源保护相关问题，总结、归纳和选择具有代表性的专题领域，并围绕这些专题制定相应的指标。系统性指标，是指在一个确定的研究框架中，对大量信息加以综合和集成，从而可以形成一个有明确含义的指标[53]。

2）指标设计方法

任何一个指标最基本的作用应是明确有关各方的共同目标，这是指标设计的最基本的原则。在设计具体指标时，国外学者主要采用以下三种方法：

（1）范围法（Domain-Based Framework）：即按历史遗产的主要价值类型（自身价值、完整性价值等）分类，然后逐类定出指标；

（2）目标法（Goal-Based Framework）：首先确定发展的目标，然后在每一目标或每组目标下建立一个或数个指标；

（3）复合法（Combination Framework）：把两种或两种以上的指标组合在一起，突出各指标的优点，同时克服其原有的缺点[54]。

4.1.2 指标数据采集的主要方法——基础资料的调研

指标体系是否科学很大程度上取决于能否获得目前所能得到的最准确信息。收集数据的原则是：得到的数据尽可能是最准确的、最新的，而且它必须得到充分的证实。有些数据变化得比较快，这就需要使用能够得到的最新数据；有些数据变化不快，因此稍陈旧的数据也可以使用。

对于历史文化遗产而言，大多数指标是通过查阅相关历史文献、访谈相关学者或实地踏勘获得，另有部分数据需要去相关政府部门搜集，还有的数据要通过召开专家会议打分获得。详实可靠的资料来源是分析历史资源价值、确定保护对象范围、制定保护措施的基础。原始资料来源主要包括：

1）文献资料查阅

这是基础资料最主要的来源。其一为各级别的政府报告、文件、政策、法规等；其二为普通和专业出版物，像地方史志、城市建设史、城市建筑史、城市地图等；其三为图片，与城市相关的绘画、照片等。其中出版物是经过整理的第二手资料，使用前需要予以证实，绘画作品带有主观因素，只能作为参考。

2）专业规划与勘测

城市权威机构和专业部门所做的测量与规划图片，像卫星遥感图、航拍影像图，以及城市地区勘测图、城市规划图等，这部分资料较为可靠，一般需要到政府相关部门或从档案资料中查找。

3）口述

主要从当地居民的手记资料或口述中了解该地区的历史和社会文化发展变迁，需要耐心细致地调查。这些资料获取的随机性很大，质量参差不齐，因此必须在使用前予以证明，但这也是了解市社会历史最有潜力的资料来源。需要注意调查方式尽量通俗化，不宜过于专业，可采取问卷、座谈与交谈配合的形式。

4）实地踏勘

这是最直接资料来源，一般通过观察、研究、测绘、速写、拍照等手段获取[55]。

4.1.3 国外历史文化资源评估案例分析

西方国家历史遗产保护起步早、经验较多，形成了一套从遗产调查、评估到登录的成熟机制。英国将"具有特别建筑艺术价值与历史意义的建筑"，作为被列建筑而分为四等（见表 4-1），评价标准侧重于历史建筑的历史艺术价值，涉及艺术水平、技术水平以及与社会历史发展的联系[51]。

表 4-1　英国历史建筑评价标准

基本标准	要　点
艺术	艺术作品——有特色和有创造性构思的建筑产品
建筑	在建筑发展史上作为一个环节，可中断因而应予以保护的建筑；某些不完美的个体随时间和某种机缘而结合成为杰出组合整体
技术	技术发展进程中的实例
社会	反应已经消失了的某种生活方式，因而具有社会学意义
历史	与伟大人物或历史事件有关的建筑

德国建筑评价标准中具有城市整体空间景观的概念，类型学的使用以及城市空间价值标准的提出也值得借鉴（见表 4-2）。

表 4-2　德国历史建筑评价标准

价值类型		要　点
历史价值	功能	建筑原有功能状况，如公建、旅馆、民居等
	形态	建筑平面、立面等形式类型及其稀缺程度
	类型	建筑结构特征，如露明石结构、灰浆石结构、露明木框架
	结构年代	建筑建造时期，如中世纪晚期、文艺复兴等

价值类型	要　　点
艺术价值	建筑艺术水平、设计者以及是否有准确时间
城市空间价值	建筑或街区在城市公共空间中的位置与影响
完整程度	建筑形态完好程度

加拿大在 1970 年成立历史建筑资料管理局,开展由政府、市民和民间团体共同参与的评估工作,对有争议的评估结果可以申报,由政府组织专家裁决。至上世纪 90 年代他们已经搜集了二十万处的古建筑资料,评估工作就是在这样的一个基础上进行的[56],将历史建筑保护工作分为:调查、评估、决策三项内容。

加拿大的建筑遗产评估体系在实践中不断调整,由环境部门制定的标准表(见表 4-3)包括五项共 20 个子项,四个评估等级中分数分配也可变化。可以采用"20—10—5—0"的等级,以便拉开优秀传统建筑和一般传统建筑的档次,也可采用"20—15—10—0"的分数等级缩小其间差距[57]。

表 4-3　加拿大环境部制定的建筑遗产评估表

建筑名称 name		建筑位置 location	建筑编号 reference number			
—		—	—			
指标因子		书面意见	分值(上限 35 分)			
A 建筑	建设风格 style	—	20	10	5	0
	建筑结构 construction	—	15	8	4	0
	建设年代 age	—	10	5	2	0
	建筑师 architect	—	8	4	2	0
	设计水准 design	—	8	4	2	0
	室内装修 interior	—	4	2	1	0
指标因子		书面意见	分值(上限 25 分)			
B 历史	有关人物 person	—	25	10	5	0
	有关事件 event	—	25	10	5	0
	文脉 context	—	20	10	5	0
指标因子		书面意见	分值(上限 10 分)			
C 环境	持续性 continuity	—	10	5	2	0
	匹配性 setting	—	5	2	1	0
	地标性 landmark	—	10	5	2	0
指标因子		书面意见	分值(上限 15 分)			
D 实用	兼容性 compatibility	—	8	4	2	0
	适应性 adaptability	—	8	4	2	0
	公共性 public	—	8	4	2	0
	配套设施 services	—	8	4	2	0
	成本 cost	—	8	4	2	0

	建筑名称 name	建筑位置 location	建筑编号 reference number			
	指标因子	书面意见	分值(上限 15 分)			
E 完整	地点 site	—	5	3	1	0
	改造 alterations	—	5	3	1	0
	境况 condition	—	5	3	1	0
	评估者	—	日期		—	
	建议					
	验核者	—	日期		—	
	意见					

4.1.4 国内历史文化资源评估案例分析

上世纪 90 年代后期,东南大学朱光亚、蒋惠等结合皖南呈坎的非法定保护类建筑遗产的测绘和价值评估工作,探讨制定了一套由五项指标、四级分值构成的评估指标体系(见表 4-4),涉及历史、科学、艺术、利用等方面的价值评定[56]。

表 4-4 呈坎非法定保护类建筑遗产的评估表

	评价标准	得 分			
A	建筑的历史文物价值 得分:25%	优	良	好	差
	a. 建筑年代久远程度	10	5	2	0
	b. 结构完好程度	10	5	2	0
	c. 是否为当地民居范例	10	5	2	0
	d. 是否与当地历史著名人物、事件相关	8	4	2	0
B	建筑的科学价值 得分:20%	优	良	好	差
	a. 是否有重要学术科研价值	10	5	2	0
	b. 建筑工程、材料的科学价值	8	4	2	0
	c. 村落结构体系的规划价值	10	5	2	0
C	建筑的艺术价值 得分:30%	优	良	好	差
	a. 建筑的地方特色是否明显	20	8	4	0
	b. 建筑的细部、装修工艺是否精良	8	5	2	0
	c. 在村落规划布局中的艺术特征性	8	5	2	0
	d. 建筑对形成外部空间环境及景观效果所起的作用	9	8	2	0
	e. 是否村落中的传统建筑物	15	5	2	0
D	建筑的实用价值 得分:15%	优	良	好	差
	a. 作为旅游资源的开发利用程度	10	5	2	0
	b. 建筑完好程度及保护维修费用	10	5	2	0
E	建筑是否有某一特征 得分:10%	优	良	好	差
	建筑是否有某一特征	25	10	5	0

2002年，梁雪春、达庆利、朱光亚等对历史遗产量化评估体系以及相关的数学方法进行了比较深入的研究讨论[52]，提出了我国城乡历史地段综合价值的模糊综合评判标准（见表4-5）。运用了二元排序法、专家打分、模糊变换等相关数学方法对历史遗产的价值进行综合判断。

表4-5　城乡历史地段综合价值的模糊综合评估表

目标层	准则层	指标层
综合价值	人类活动	历史上的名人名事
		传统民俗民风
	建筑物	历史、艺术、使用、科学的综合价值
		建筑整体风貌统一性
	空间结构	地段的建筑、空地和绿地间关系保存的真实性
		历史性土地划分和交通模式保存的真实性
	环境地带	有特征的地貌和景观与人类活动关系的密切程度
		生态环境管理、保障措施

4.1.5　小结

根据上述研究成果和历史城市保护的国际公约精神，将历史资源的核心价值归纳为以下几项：

1）历史价值

历史价值是直观而物化的历史信息载体，能生动的反映某一社会发展阶段的生产力和生产关系，它涉及文化史、民俗史、政治史、军事史、经济史、建筑史、科学史、技术史等人类活动的发展变迁。历史价值评估昭示遗产在历史视点中被予以尊重，历史研究的可信性要求遗产负载信息的原真性。

2）文化价值

在时间赋予的历史意义基础上，历史遗产还承载了人类世代生活的积淀，而成为文化空间的坐标，它涉及重大事件、重要过程、突出成就、特殊意义、广泛影响等。文化价值是缘于而又高于历史、艺术价值的，具有弘扬民族文化与精神的文化影响，更有凝聚地域特色和场所精神的社会作用。

3）艺术价值

历史遗产是人类发展史中多种艺术成就的集中体现，通过遗产的技术水平、组合关系、细部处理等，折射出历史遗产高度的美学品质以及由此带来的审美趣味。

4）特色价值

从历史遗产的稀缺性、代表性角度分析其特色价值，它是建立在以上三种价值的基础之上的。从时空两个方面的代表性来分析其特色的程度，即时代特色和地方特色。通常说来，文化、历史、艺术价值高的遗产，其特色价值也会相对较高[51]。

另外，现代城市也赋予历史资源许多附属的价值，在不违背核心价值的前提下，这些价值也能在一定程度上反映历史资源的价值，如经济价值、社会价值等。

4.2 历史文化资源评价体系建立的基础

4.2.1 评价体系建构的原则

总结上节介绍的中外历史遗产价值评估案例,建构历史资源价值评估体系应遵循以下四原则:

1) 评价标准的规范化、多样化

规范化是指要根据公认的遗产保护条约、我国历史文化名城保护和文物保护的相关法律法规,综合考察历史资源的艺术、科学、社会历史、空间形态等多方面价值。多样化是指我国国情和各个名城的历史进程各不相同,不能直接搬用国内外某一案例,需要具体问题具体分析,建立相适宜的评价体系;另外,根据各类历史资源空间形态的特点,制定不同的评价标准,以加强评估体系的全面性。

2) 评价体系的层次性

应根据历史文化名城保护的要求和目标对指标体系分出层次,建构脉络清晰、层次分明的指标体系,构建目标层——准则层——指标层——基本指标层的结构,并在此基础上进行指标分析,这样使得指标体系便于使用[58]。

3) 评价对象的全面性、差异性

除了国家法定的文保单位外,将各类非法定的优秀历史建筑、历史遗迹等纳入评价的对象,以达到名城保护规划覆盖面的广泛性。此外,除了历史资源点这些实体的保护对象外,也要将线性历史廊道这种相对"虚"的对象纳入评价体系当中,虚实结合,实现保护规划对历史文化名城历史格局的保护。

4) 评价指标选取的可操作性、可量化性

在全方位评价资源价值的同时兼顾可操作性,指标体系不能片面求全,过多繁冗的指标会给实践操作带来较大难度,尽可能地选取那些通过文献、档案或者实地考察可以获得的指标。在筛选指标时较多考虑可数字化、可通过空间计算生成数据的指标,较少考虑需要主观打分的指标,减少评价结果的主观因素影响度,同时提高效率。

4.2.2 评价体系建构的相关理论

1) 层次分析法

层次分析法是一种定性与定量分析相结合的系统分析方法,是将人的主观判断用数量形式表达和处理的方法,简称 AHP(The Analytic Hierarchy Process)法[59]。将与决策有关的元素分解成目标、准则、方案等层次(见图 4-1),在此基础之上进行定性和定量分析,将复杂的决策系统层次化,通过逐层比较各种关联因素的重要性为分析、决策提供定量的依据。

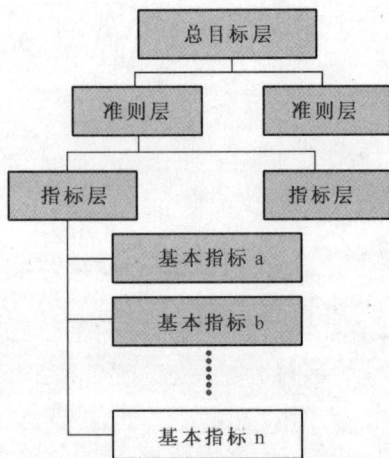

图 4-1 层次分析法图解

层次分析法的基本原理是排序的原理,即最终将各元素排出优劣次序,作为决策的依据。具体可描述为:层次分析法首先将决策的问题看作受多种因素影响的大系统,这些相互关联、相互制约的因素可以按照它们之间的隶属关系排成从高到低的若干层次,构造递阶层次结构,然后请专家、学者对各因素两两比较重要性(见表4-6),再利用数学方法,对各因素层层排序,最后对排序结果进行分析,辅助决策。它的主要特点是定性与定量分析相结合,将人的主观判断用数量形式表达并进行科学处理[60][61][62],因此,更能适合复杂的社会科学领域的情况,能够较准确地反映社会科学领域的问题,历史遗产的评估就属于上述范畴。

层次分析法的信息主要是靠对每一层次中各指标两两相比相对重要性的判断,通过对这种引入合适的标度,用数值加以量化,从而构成各层次的判断矩阵。在历史遗产评价体系中,运用层次分析法确定各项指标因子权重可以减少主观因素对评价结果的影响,增加评价体系的科学性。

表 4-6　重要性标度值含义表

标度值	含　义
1	表示两两因素比较具有同等重要性
3	表示两两因素比较一个比另一个稍微重要
5	表示两两因素比较一个比另一个明显重要
7	表示两两因素比较一个比另一个强烈重要
9	表示两两因素比较一个比另一个极端重要
2、4、6、8	表示上述判断的中间值

2) 模糊综合评判

模糊综合判断,即应用模糊数学原理对由多种因素综合影响的事物或现象做出总的评价和评判[63],最早由我国学者汪培庄提出。进行模糊综合判断时,首先建立评价因素集,对各评价因素选择适当的标准,在对每个评价因子进行单项评价的基础上,给出各单因子隶属于各级标准的隶属度,并根据各评价因素对评价结果的不同影响确定权重,然后进行模糊变换,求得最终的综合评价结果,即隶属于某一标准的隶属度。

利用模糊数学原理对历史文化资源各个评价指标进行综合评价,可以克服现今评价方法的一些局限性。在数据处理方面,模糊数学让模糊事物不加截割的进入数学模型,充分利用中介过渡的信息,最后在一个适当的阈值上进行分割;在客观评价方面,可以减少人为主观因素的影响,使评定的结果更为客观、可靠;效率高,能降低人的劳动强度,提高工作效率。

3) 德尔菲法

德尔菲法是预测活动中的一项重要工具,又名专家意见法,是依据系统的程序,采用匿名发表意见的方式,即团队成员之间不得互相讨论,不发生横向联系,只能与调查人员发生关系,经过反复征询、归纳、修改,最后汇总成专家基本一致的看法,作为预测的结果。在实际应用中通常可以划分三个类型:经典型德尔菲法(Classical)、策略型德尔菲法(Policy)和决策型德尔菲法(Decision)。德尔菲调查作为目前在技术预见领域广泛采用的方法之一,其固有的优势在于:专家参与广泛,涉及技术领域内各个研究方向;综合每个回答问卷的微观个体得到群体意见,可以较好地量化衡量技术课题与其他技术课题的相关程度;可以将共性技术课题的目前研究水平、预期实现时间、重要程度等信息一同展示出来,便于决策者了解技术现有发展状况,为决策提供足够充分的信息[64]。该方法最重要的是对当轮专家评分合理性的判断,其判断方法是通过计算某单项专家评分的平均值和标准差 α,当标准差 $\alpha < 0.63$ 时,则认为评分效果优,该项无需再咨询,反之应根据平均值缩小打分范围继续咨询[65]。

4) 主成分分析法

主成分分析是将多个实测变量转换为少数几个不相关综合指标的多元统计分析方法,由于实测的变量间存在一定的相关关系,因此有可能用较少数的综合指标分别综合存在于各变量中的各类信息,而综合指标之间彼此不相关,即各指标代表的信息不重叠,消除其自相关性的影响[66]。

5) 数据标准化

由于每个统计指标和评价因子的赋值单位各不相同,因此,需要对其进行标准化以消除量纲的影响,将不同的数量级、不同单位的数据统一到 0～5 之间的数值,所得结果的分布,仍与原始数值相同。数据标准化方法有许多种,考虑到本次研究中分级赋值指标最低分都大于 0,因此宜采用指数法对数据进行标准化处理[67]。公式如下:

$$X_{ij} = 5 \times (a_{ij} - \mathrm{min}a_j)/(\mathrm{max}a_j - \mathrm{min}a_j)$$

式中:X_{ij} 是 i 对象 j 指标的标准化分值,a_{ij} 是 i 对象 j 指标的原始数据,$\mathrm{min}a_j$ 是 j 指标的最小值,$\mathrm{max}a_j$ 是 j 指标的最大值。

4.2.3　评价对象的确定

2008 年,赵勇、张捷在历史文化镇村评价体系中,将物质遗产分为点(古迹建筑)、线(传统街巷)、面(环境风貌)三种对象进行研究[68]。同年,东南大学与南京市规划院在进行"南京历史文化名城保护规划中的专项研究——历史文化资源的评估体系研究与名录制定"的研究过程中,除了用以上三种几何图形抽象南京的历史资源,还提出了"山水混合遗产"的概念。参考以上体系,并结合南京主城区的历史遗产空间和分布特点,将点状历史资源、线状历史资源、面状历史资源作为此次评价体系的评价对象。

1) 点状历史资源(Point)

简称资源点,是指在南京主城区范围内,其占地面积大小与城市肌理关系不大,空间形式相对独立的历史资源。具体包括:历史建筑物、构筑物、古墓葬、古遗址、古石刻等。本次参加评价的 1 142 个历史资源点,来自南京大学历史系与南京规划编研中心在 2005—2007 年普查南京历史文化资源得到的成果。

2) 线状历史资源(Line)

简称历史廊道,即南京历史上各个时期城市格局关系密切的交通系统、防御系统、河道系统等,其中包括道路、河道、城墙等本体以及构成其线形的建、构筑物及绿化。本次参评的 80 条历史轴线,来自东南大学建筑学院与南京市规划局在 2008 年进行历史文化名城保护规划保护名录制定的专项规划。

3) 面状历史资源(Area)

由于面状资源评价目的是为了寻找需要重点保护的历史街区,考虑到南京老城资源密集,历史沉淀丰厚,将南京老城的全部纳入评价体系,按主要道路和河流划分的地块(共 500 余个)全部作为面状历史资源纳入评价对象,这种定义扩大了以前学者对面状遗产的定义。

这三种评价对象的数量、空间形态差别很大,评价准则、指标也有所差异,保护的方式和目的更是有各自的特点,所以不能在同一个评价体系下对其评价,要针对各自的特点制定不同的评价准则和指标,构建独立的评价体系。

4.3　评价体系的构架

4.3.1　点状历史资源评价体系

点状历史资源与其他类型资源相比,总量最大、类型最多,所涉及的细节评价指标也是最复杂的,对点状历史资源的评价是整个评价体系中工作最繁重的部分,也是其他类型遗产评价的基础。

1) 目标层确定

点状资源的数量庞大、价值大小参差不齐,在历史文化名城保护规划的框架下,评价点状资源的目的不仅是为了找出价值高的历史资源,更重要的是试图在人力物力有限、时间紧迫的情况下,厘清不同历史资源点需要保护的力度、紧迫度和保护方式的灵活程度,将有限的人力、物力和财力以恰当的方式用在最需要保护的资源点上。为了达到这一目的,点状历史资源的评价体系设置为多目标评价体系,三项目标层分别是:保护重要性、保护紧迫性、开发适宜度。

2) 准则层细分

通过上一节中外学者对历史遗产评价指标的选择和解析可以发现,对城市历史资源点的价值大都是从三个方面认识的——资源自身价值、资源所处环境的优劣、资源目前保护的状况。

(1) 自身价值:是指历史资源随着时代变迁滋生出的历史、情感、艺术和特色等方面的独特价值,它是历史资源点本身所体现的价值,是不可再生、无法人为创造和复制的,是历史资源点的核心价值。这一准则是判断历史资源保护方式和力度的主导因素。根据国际公约和前人的研究成果,将与资源点自身价值相关的指标设定为:历史价值、文化价值、艺术价值、特色价值。

(2) 环境条件价值:是指在当代城市现状条件下,历史资源周边的环境给其带来的价值,虽然并不直接体现历史资源价值大小,却给资源的保护和利用提供了契机,是自然、时代和社会赋予历史资源新的价值,能从另一个角度给资源保护的力度和方式提供侧面参考。具体指标分为:自然条件、区位条件和基础设施条件。

(3) 保护状况:历史资源点目前的保存状况也影响着其当前价值,甚至影响着其未来的价值。此外,评价资源点目前保存状况有另外一项重要意义:判断历史资源点是否急需保护。判断资源保护状况的基础指标分为四项:完整性、协调性、活力性和法律保障。

3) 评价体系框架

表 4-7 点状历史资源(P)的评价体系

目标层	准则层 A	指标层 B	指标说明
保护力度	自身价值 A1	历史价值 B1	资源的历史久远程度、稀缺性
		文化价值 B2	民众对资源认知程度;资源是否与历史事件、历史人物相关
		艺术价值 B3	资源点的设计水准、工艺水准
		特色价值 B4	能否很好体现地域特色、时代特色
保护紧迫度	保护状况 A2	完整性 B5	资源点本体保存完整性及其环境保存完整程度
		协调性 B6	周边自然社会环境、用地性质与之协调程度
		活力性 B7	目前使用效率、日来往人数、新旧功能匹配度
		法规保障 B8	是否曾被保护范围覆盖,是否有保护修复措施,保障机制是否健全
开发适宜度	环境条件价值 A3	自然条件 B9	是否邻近山体、水体,周边绿化情况如何
		区位条件 B10	是否紧邻市中心、临近公共设施
		设施条件 B11	给排水、供电条件、道路交通条件

4) 构造点状历史资源 AHP(Analytic Hierarchy Process)判断矩阵,计算权重

表 4-8 点状历史资源(P)目标层 AHP 矩阵

力 度	A1	A2	A3	权 重
A1	1	3	7	0.658
A2		1	4	0.264
A3			1	0.078

表 4-9 点状历史资源(P)准则层 P-A1 的 AHP 矩阵

A1	B1	B2	B3	B4	权 重
B1	1	4	6	7	0.609
B2		1	3	5	0.232
B3			1	3	0.106
B4				1	0.053

表 4-10 点状历史资源(P)准则层 P-A2 的 AHP 矩阵

A2	B5	B6	B7	B8	权 重
B5	1	3	5	6	0.564
B6		1	3	4	0.258
R7			1	2	0.110
B8				1	0.068

表 4-11　点状历史资源(P)准则层 P-A3 的 AHP 矩阵

A3	B9	B10	B11	权　重
B9	1	5	9	0.751
B10		1	3	0.178
B11			1	0.071

4.3.2　线状历史资源评价体系

线状历史资源是在"道路遗产"[69]的基础上,再加上河道、城墙、铁路等这些跟城市格局相关的呈线状的历史资源,是历史城市肌理的重要组成部分,也是影响城市历史格局形成的重要因素。

1) 目标层确定

线状历史资源的参评对象是来自相关研究成果[①],保护方式比较自由,因此只将其综合价值大小作为评价目标,建立单目标评价体系,从而判断对其保护的力度。

2) 准则层的细分

线状历史资源的价值主要在于两个方面,一个是其历史的逻辑性,另外一个是其现状的保存状态,将这两方面归结为自身价值、目前保护的状况,作为评价准则。

(1) 自身价值:线状历史资源与城市自然特点、历史发展有着密切的关系,其名称、走向、布局都从一些侧面描述着城市的历史变迁逻辑。街道、河流等构成的线性空间比建筑实体有更长的更新周期[70],因此,从某种意义上说,这种由线形构建的城市格局比实体建筑有更悠久的历史性、更严密的逻辑性和更强的活力,线状历史资源的自身价值也体现于此。与之相关的指标层细分为三个方面:历史价值、格局价值、特色价值。

(2) 保护状况:线性历史资源的保存状况影响着人们对其的识别性,也是其价值的重要体现方面,与点状资源保护状况不同的是,线状资源的保护状况更多体现在整体特色风貌和空间结构上,而非实体完整程度上。与之相关的指标层细分为:形态完整性、风貌完整性、真实性。

3) 线状资源评价体系

表 4-12　线状历史资源(L)的评价体系

目标层	准则层	指标层	指标说明
保护力度	自身价值 A1	历史价值 B1	初始年代,沿线分布文保单位等级
		格局价值 B2	古迹、古建筑数量,古城格局影响度,当今城市格局影响度
		特色价值 B3	地域、时代特色,名称特色,国内外知名度
	保存状况 A2	形态完整性 B4	沿线历史建筑、空间比例
		风貌完整性 B5	沿线风貌质量,沿线传统风貌连续性
		真实性 B6	线形历史变迁度,廊道名称更改情况

---

① 参评对象出自《南京历史文化名城保护规划专项规划——历史文化资源保护名录的制定》项目文本,编制单位:南京规划局、东南大学建筑学院。

4) 构造线状历史资源 AHP 判断矩阵,计算权重

表 4-13　线状历史资源(L)目标层 AHP 矩阵

力　度	A1	A2	权　重
A1	1	5	0.833
A2		1	0.167

表 4-14　线状历史资源(L)准则层 L-A1 的 AHP 矩阵

A1	B1	B2	B3	权　重
B1	1	3	7	0.649
B2		1	5	0.278
B3			1	0.073

表 4-15　线状历史资源(L)准则层 L-A2 的 AHP 矩阵

A2	B4	B5	B6	权　重
B4	1	3	4	0.614
B5		1	3	0.268
B6			1	0.118

4.3.3　面状历史资源评价体系

面状历史资源比点状资源更能全面生动地体现某个时期的历史特色和气氛,在更新速度飞快的当代城市,几片成规模的面状历史资源是十分宝贵的。面状历史资源数量大大少于点状资源,保护方式也更为灵活,对其评价指标筛选分级分类的方式也略有不同。

1) 目标层的确定

面状历史资源的评价对象是南京老城内所有的空间单元,从中筛选价值较高的单元作为历史街区的候选对象,因此,面状资源评价体系是以确定保护力度为目标层的单目标评价体系。

2) 准则层的细分

资源自身价值、目前保护的状况作为面状历史资源的评价准则。

(1) 自身价值:面状历史资源的自身价值在于其整体的历史气氛和肌理特点,在于街区建筑风格、高度、密度等整体的空间特色,而非某栋建筑的真实完整性。面状资源的自身价值与其中点状资源的数量、质量有很大关系但又不完全相同。评价准则层细分为:历史价值、格局相关性、艺术价值。

(2) 保护状况:南京老城内虽然历史遗存丰富,但快速的城市建设也对其造成了很大的威胁,面状资源的保护状况主要在于地块内现代城市建筑能否与各个时期的历史资源很好的协调。与之相关的指标层细分为:形态完整性、历史资源富集度。

3）面状历史资源评价体系

表 4-16　面状历史资源（A）的评价体系

目标层	准则层 A	指标层	指标说明
保护力度	自身价值 A1	历史价值 B1	街区内历史资源价值,政治活动的历史年代沉积
		格局相关性 B2	评价单元与历史廊道的关系
		艺术价值 B3	古迹、历史建筑施工工艺水准,规划设计水准
	保存状况 A2	形态完整性 B4	街区的肌理状态
		资源点富集度 B5	面状单元内历史资源点个数和资源点的综合价值高低

4）构造面状历史资源 AHP 判断矩阵,计算权重

表 4-17　面状历史资源（A）目标层 AHP 矩阵

力度	A1	A2	权重
A1	1	5	0.833
A2		1	0.167

表 4-18　面状历史资源（A）准则层 A-A1 的 AHP 矩阵

A1	B1	B2	B3	权重
B1	1	3	5	0.637
B2		1	3	0.258
B3			1	0.105

表 4-19　面状历史资源（A）准则层 A-A2 的 AHP 矩阵

A2	B4	B5	权重
B4	1	3	0.750
B5		1	0.250

4.4　历史文化资源评价过程的图示与保护建议

评价的依据分为两类,主观评价类和客观计算类。

主观评价类的指标建议召开专家会议集体打分,不要求所有的参评成员都是建筑领域学者,也可以是行政主管机构的工作人员或者建筑物使用者代表。会议流程可以参考加拿大政府对传统街区改造时采用的方式——会议前将资料预先发给各位评估团成员,会议上直接打分。假如对某个历史资源,不同成员的评估结果极为悬殊,会议主持者将引导成员各述己见探讨问题、调整观点,随后进行二次打分[56]。

客观评价的指标则完全通过数学和空间计算的方法,将所得的数据标准化处理到 1～5 的得分区间内,然后按层次分析法的结果加权计算,与专家打分得到的指标相结合,得到各种目标下的计算结果。

4.4.1 空间分析的一般方法

1) 叠置分析

GIS 中以"层"的概念来组织专题信息,如用地层、河流层、道路层等,每一层包含一类相似空间地物的集合。叠置分析就是对各不相同层之间的一种分析功能,它是地理信息系统提取空间隐含信息的方法之一。GIS 的叠加分析是将有关专题层进行空间叠加分析,叠置分析生成的新专题数据层综合原来两个或更多层的属性信息,即叠置分析不仅是对空间关系的操作,同时它也是对属性信息进行操作。本次研究在分析历史资源点、线、面与其他城市空间的关系时,应用叠置分析的方法。

2) 空间统计计算

在多维的空间层面上对不同类型的空间面积和变化规模计算与比较也是 GIS 空间分析功能中常用的一种,不同的计算模式可以得出不同层面、不同性质的数据,并可以对其进行分析比较,得出直观和理性的分析图表,帮助得出科学的分析结论。

3) 缓冲区分析

缓冲区分析是针对点、线、面实体,自动建立其周围一定宽度范围内的缓冲区多边形实体,从而实现空间数据在水平方向得以扩展的信息分析方法,缓冲区是 GIS 重要的空间分析功能之一。

4) 直线距离计算

两点之间或是点到直线的直线距离计算是空间分析中常用的方式,在规划设计中常被用于分析点的区位,比较多个点的区位优劣。GIS 软件平台中有多种方法可以实现距离计算,当分析对象是面状地物时,通常选择面状多边形所提取中心点来作为计算对象。

4.4.2 点状资源评价

1) 评价依据与评分标准

根据评价体系框架以及评价指标的说明和权重的计算,基于 GIS 空间数据库,设计点状历史资源评价依据表格,如表 4-20 所示,其中有四项需要主观打分获得,七项应用 GIS 的空间分析功能进行空间统计计算获得。

表 4-20 点状历史资源评价指标和依据表

准则	指标	二级指标	权重		评价方法和打分依据
自身价值	历史价值	—	0.609	0.658	提取历史资源点层"初始年代"字段,按照历史悠久程度分别赋以 1～5 分,分值越高,年代越久远
	文化价值	—	0.232		专家会议打分,综合意见赋值 1～5 分,分值越高文化价值越高
	艺术价值	—	0.106		专家会议打分,综合意见赋值 1～5 分,分值越高艺术价值越高
	特色价值	—	0.053		专家会议打分,综合意见赋值 1～5 分,分值越高特色价值越高

准则	指标	二级指标	权重		评价方法和打分依据
保护状况	完整性	本体完整	0.6	0.564	提取建筑层,计算容积率并分析地块肌理,结合建筑自身完整性,赋值1～5分,分值越高完整性越高
		环境完整	0.4		
	协调性	—	0.258	0.264	提取地块层用地性质字段,按资源点所在位置:G(5分);C1(4分);C2(3分);R(2分);U、T、M(1分)的方法给资源点赋值
	活力性	—	0.110		专家会议打分,综合意见赋值1～5分,分值越高活力性越高
	法律保障	—	0.068		按照历史资源保护级别和是否在历史街区、历史风貌区内分别赋值5～1分,分值越高法律保障越好
环境条件价值	自然、条件	山体	0.5	0.751	提取山体、水体、绿地层分别对资源点做距离计算,按距离分别赋以5～1分,分值越高越临近山水,自然条件越好
		水体	0.5		
	区位条件	城市中心	0.7	0.178	提取城市中心层,计算资源点到城市中心距离,按距离大小分别赋值1～5分,分值越高区位条件越好
		公共设施	0.3	0.078	
	基础设施条件	主干路	0.3	0.071	提取道路层、地铁站点层,对资源点进行距离计算,按距离远近分别赋以5～1分,分值越高基础设施条件越好
		次干路	0.2		
		地铁	0.5		

2) 评价过程图示

由于很多空间计算方法在评价过程中会重复使用,在此只介绍有代表性的几种计算方法,其余重复的不再重述。

(1) 历史资源环境完整性

提取历史资源点和地块单元边界两个要素进行叠加,将地块要素的容积率字段赋予落在其中的资源点(如图4-2所示),用以判断资源点所在地块的肌理属于现代肌理(容积率大

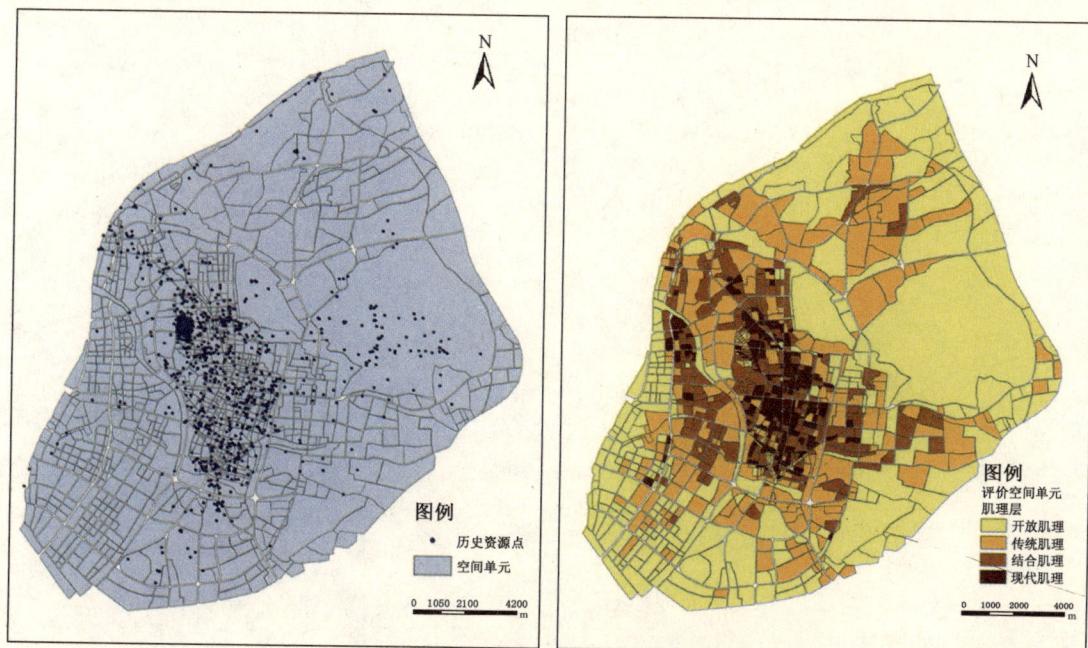

图 4-2 资源点环境完整性计算分析图

于 2)、现代传统结合肌理(容积率 1.2～2)、传统肌理(容积率 0.5～1.2)或开放肌理(容积率 0～0.5),按此标准依次为其环境完整性赋值①。

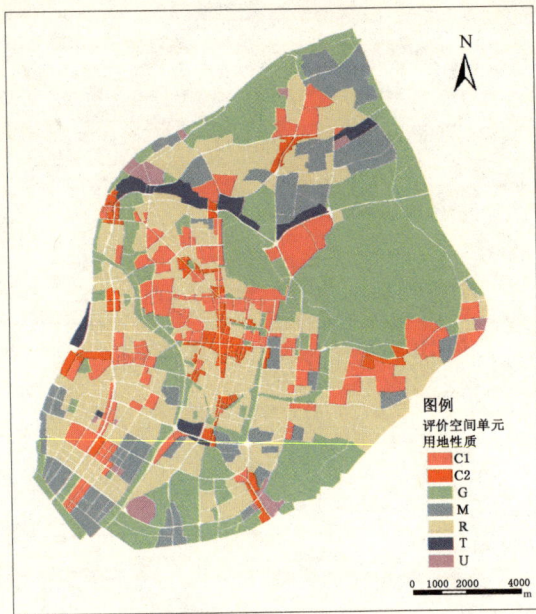

图 4-3 南京主城现状用地分布图

(2) 资源点的协调性

将历史资源点与地块单元的叠合,提取地块单元的用地性质字段赋值给资源点,计算资源点所在地块的用地性质(如图 4-3)。公共绿地是最适合资源点展示的用地类型,将其中资源点赋值 5 分;一类、二类商业用地次之,赋值 4 分、3 分;居住用地 2 分;其他工业、交通等用地赋值 1 分。以上打分原则可以根据资源点自身特点和城市的特点有所改动。

(3) 资源点距道路距离计算

提取道路层的次干路要素,做资源点到次干路的直线距离计算(如图 4-4 所示),得到每个资源点到这条线的最近距离,然后将结果进行数据标准化处理,将得分区间落在 1～5 分之间,分数越高则距离次干路越近。同理可以计算出资源点到主干路距离。

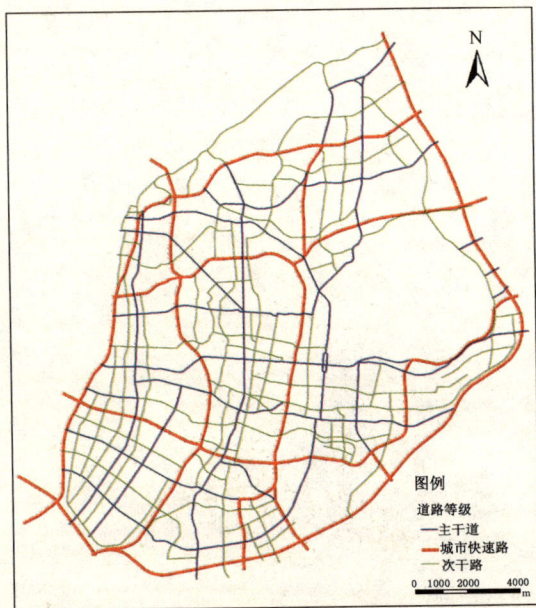

(a) 主城道路网分级图

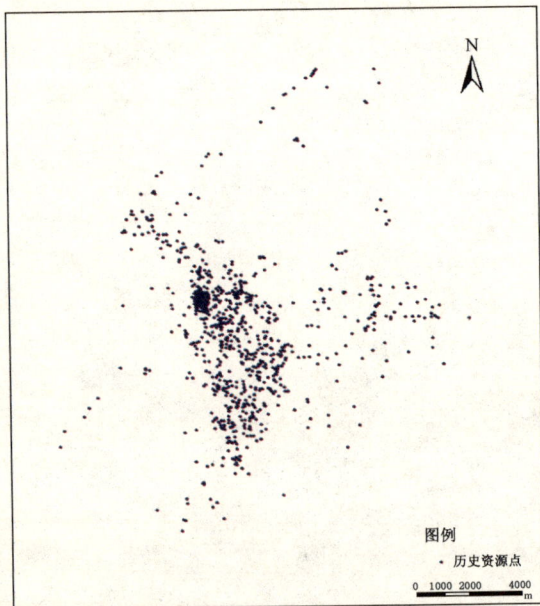

(b) 历史资源点分布图

---

① 判定依据见 70～72 页相关叙述。

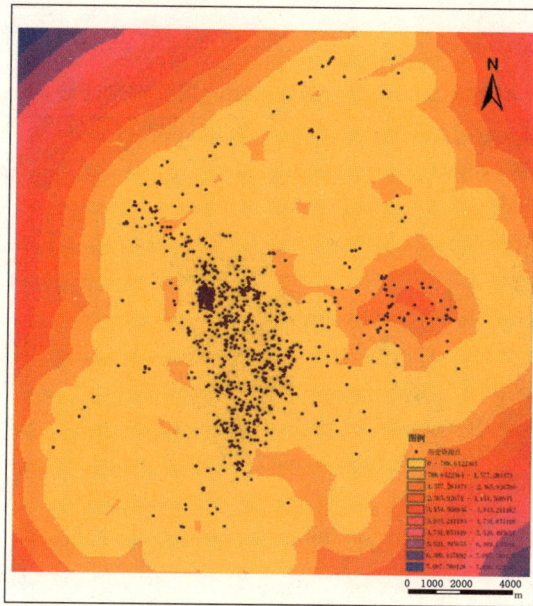

（c）次干路直线距离计算分析图

图 4-4　资源点到道路直线距离计算分析图

（4）资源点距城市中心距离计算

提取资源点要素分别与城市一级、二级中心要素进行叠合，计算点到各级城市中心距离。需要注意的是，由于城市中心要素有多个对象，采用可获取最小距离的命令——如 arc-gis9.X 的 analysis tools 中 proximity 的 near 命令——进行计算最为适宜。若计算点到所有目标点的距离命令（如 point distance 命令），计算出多个距离值，再从中寻找平均值或最小值则较为繁琐，不宜采用，如图 4-5 所示。

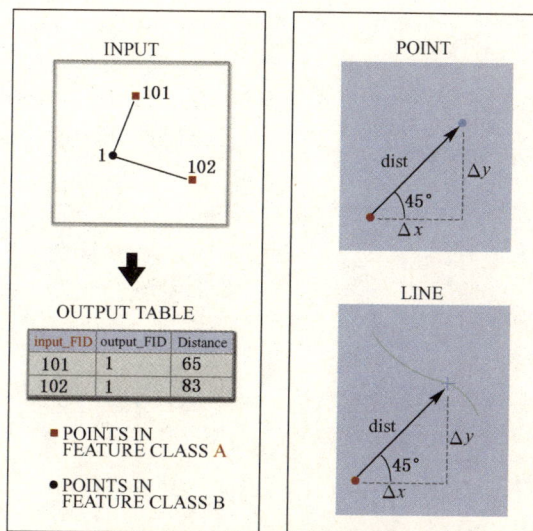

图 4-5　点到点直线距离两种命令示意

3）评价结论图示

根据点状资源的评价体系计算各项指标层、准则层数据，如表 4-21 所示。

表 4-21　点状历史资源评价指标层和准则层分析图

指标层分析图示		准则层分析结果
历史价值	文化价值	自身价值

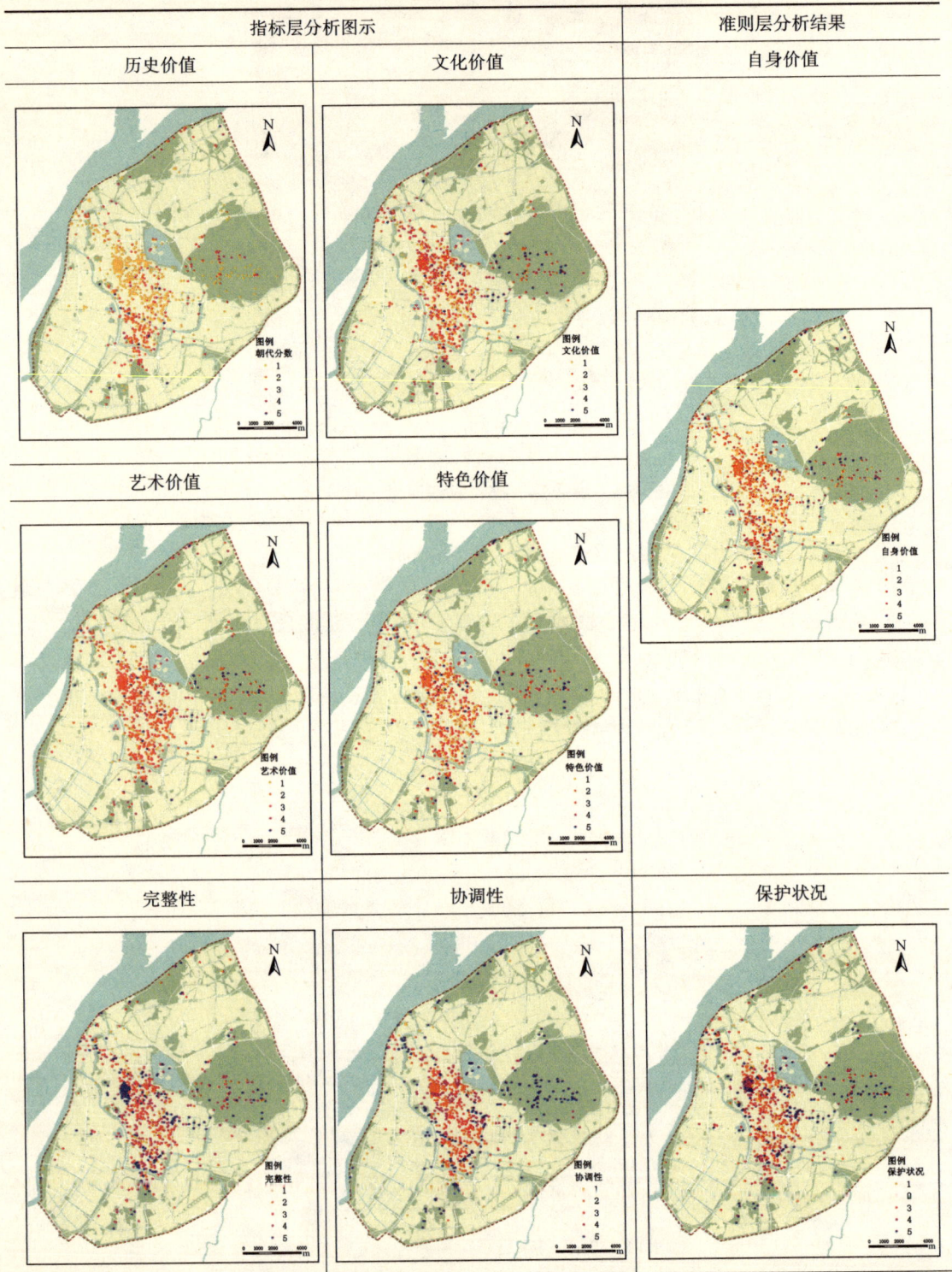

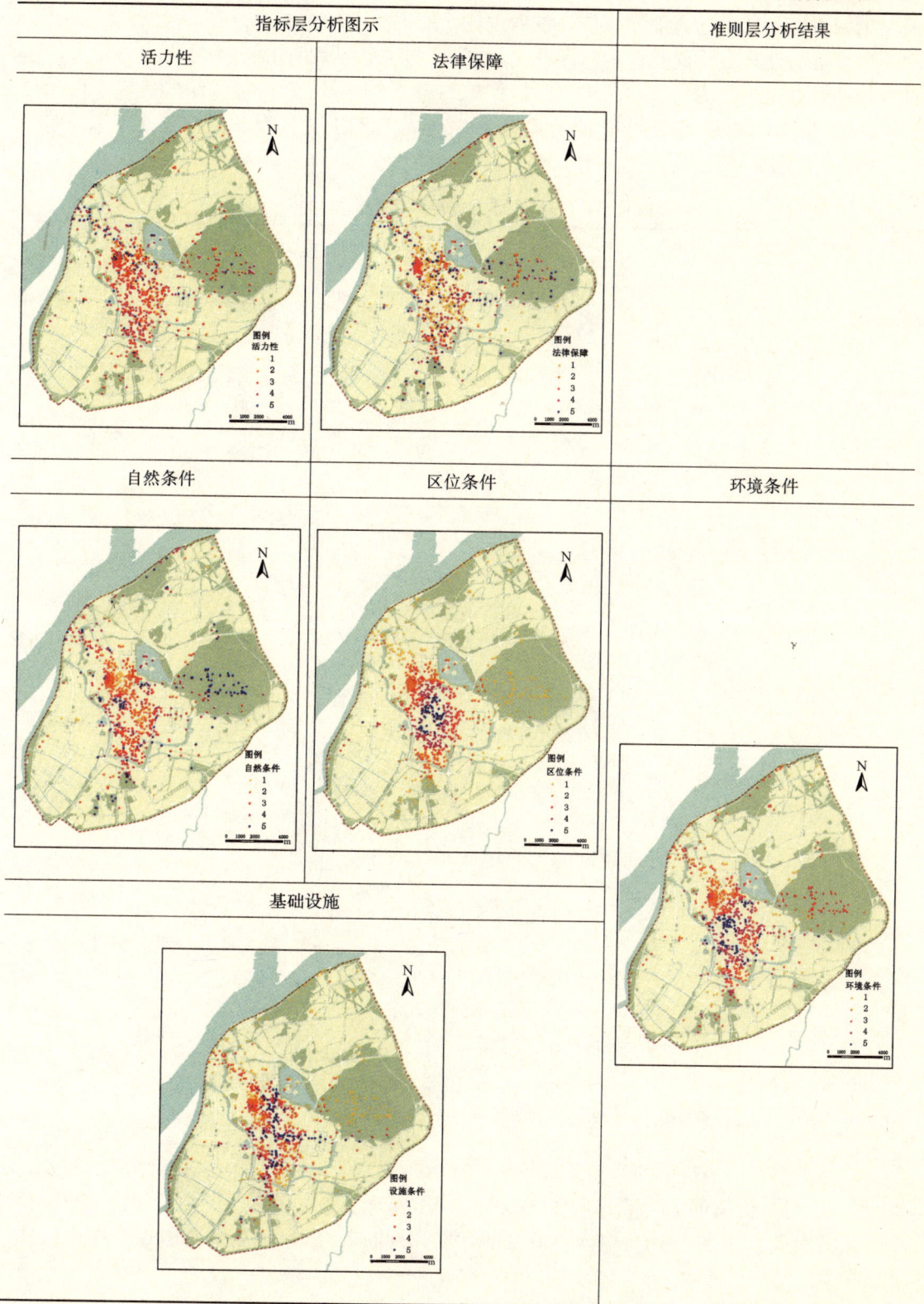

指标层分析图示		准则层分析结果
活力性	法律保障	

自然条件	区位条件	环境条件

基础设施

目标层中开发适宜度的计算涉及"二维判断矩阵"的应用,将二维判断矩阵引入历史资源保护紧迫度和利用适宜度的评价是参考主体功能区划中的方法[71]。

根据资源点自身价值和保护状况的评价结果,将保护状况评价结果分为优、良、中、差;自身价值评价结果分为高、较高、中、低,以保护约束条件从低到高为行,保护引导条件从高到低为列,建立历史资源点保护紧迫度判断矩阵,以此划分资源点保护紧迫程度,如表4-22、图4-6所示。

表 4-22　历史资源点保护紧迫度判断矩阵

资源开发适宜性		保护状况(保护约束)			
		差	中	良	优
自身价值(保护引导)	高	最紧迫	最紧迫	紧迫	不紧迫
	较高	最紧迫	较紧迫	紧迫	不紧迫
	中	较紧迫	较紧迫	不紧迫	不紧迫
	低	紧迫	紧迫	不紧迫	不紧迫

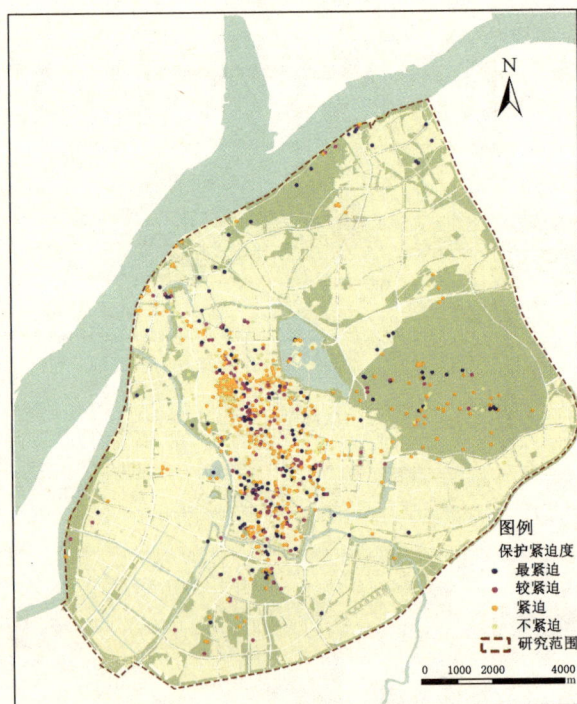

图 4-6　资源点保护紧迫度分布图

根据资源点自身价值和环境条件价值的评价结果,将环境条件价值评价结果分为高、较高、中、低;自身价值评价结果分为高、较高、中、低,以开发约束条件从低到高为行,开发引导条件从高到低为列,建立历史资源点开发适宜度的判断矩阵,以此划分资源点开发适宜性,如表4-23、图4-7所示。

表 4-23　历史资源点开发适宜度判断矩阵

资源开发适宜性		自身价值（开发约束）			
		低	中	较高	高
环境条件价值（开发引导）	高	最适宜	最适宜	适宜	不适宜
	较高	最适宜	较适宜	适宜	不适宜
	中	较适宜	较适宜	不适宜	不适宜
	低	适宜	适宜	不适宜	不适宜

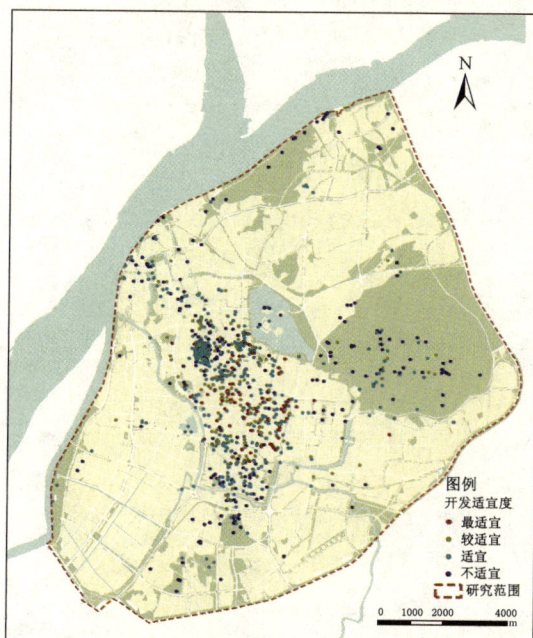

图 4-7　资源点开发适宜度分布图

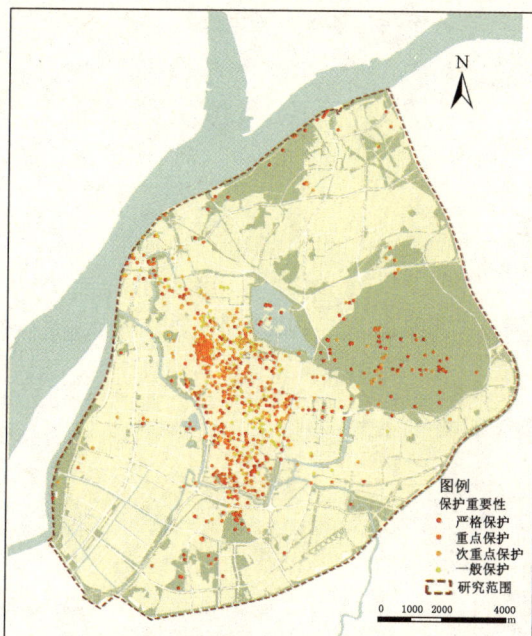

图 4-8　点状历史资源保护重要性分级专题图

综合三个准则层的数据计算结果，按层次分析法计算所得权重，叠加计算出资源点保护的重要性，如图 4-8 所示。需大力保护和控制的资源点多分布在主城东部、南部的历史风景区内；老城内也有较集中分布，多在中山北路、中山路沿线；老城南地区也有零星分布。

4）保护建议

（1）严格保护类：图中红色点表示的资源点。对严格保护的历史资源点不能改变其原本的特征，必须在布局和外观上保持原有面貌或按照其原来应该有的特点进行修复；对其中的文保单位，则应该对其进行原样、相同材料修复，修旧如旧，新旧有别。

（2）重点保护类：保护原则与严格控制类相同，保护力度可较之减弱。

（3）次重点保护：对此类的历史资源，应该在保留其现存特征部分的基础上，以建筑原有的特点为依据，进行整治、更新、整修、更换。

（4）一般保护类：对此类的历史资源点，可以改变使用功能、整体改造。

4.4.3　线状资源评价

1) 评价依据与评分标准

线状历史资源也称历史廊道,参评对象来自 2008 年南京规划局、东南大学建筑学院合作项目《南京历史文化名城保护规划专项规划——历史文化资源保护名录的制定》文本相关部分。

根据评价体系框架以及评价指标的说明和权重的计算,结合空间数据库数据的操作性条件,将线状历史资源评价依据表格设计如下(表 4-24),其中有三项需要主观打分获得,三项可直接运用 GIS 空间分析功能,进行空间统计计算获得,其中风貌完整性判断需要结合专家意见和数据库计算两方面因素。

表 4-24　线状历史资源评价指标依据表

准则	指标	二级指标	权	重		评价方法和打分依据
自身价值	历史价值	—	—	0.649	0.833	专家会议打分,综合意见按历史价值高低赋值 1~5 分,历史价值越高打分越高
	格局价值	历史城墙	0.6	0.278		对比历史地图中的各朝代历史水系层和各朝代的城墙层,分析与线状资源重合度,按其重合程度分别赋值 1~5 分,重合度越高分值越高
		历史水系	0.4			
	特色价值	—	—	0.073		专家会议打分,综合意见按价值高低赋值 1~5 分,价值越高打分越高
保存状况	风貌价值	—	—	0.614	0.167	叠合城市肌理图,分析廊道临近地块肌理特点对其赋值 1~5 分,临近的传统肌理越近,分值越高
	形态完整性	资源点数量	0.6	0.268		提取点状资源层,将线状资源以 100 米做缓冲区分析,对缓冲区内资源点的数量、价值量统计综合赋值 1~5 分,资源点数量越多、质量越高,分值越高
		资源点平均价值量	0.4			
	真实性	明代道路	0.5	0.118		提取各朝代历史地图,对各个线状资源的重合度做分析,分别赋值 1~5 分,重合度越好的分值越高
		清代道路	0.3			
		民国道路	0.2			

2) 评价过程图解

(1) 与历史水系关系分析

提取历史廊道要素,分别与春秋、六朝、南唐、明清四个时期[①]的老城周边水体形态叠合,分析它们的叠合状态,推算各个历史廊道形成的年代,给其格局价值赋值,如图 4-9 所示。

[①]　历史时期的选择受限于历史地图等资料的可获取性,由于历史地图等信息时间分布零散,无法在每类评价时将其分期统一划定。

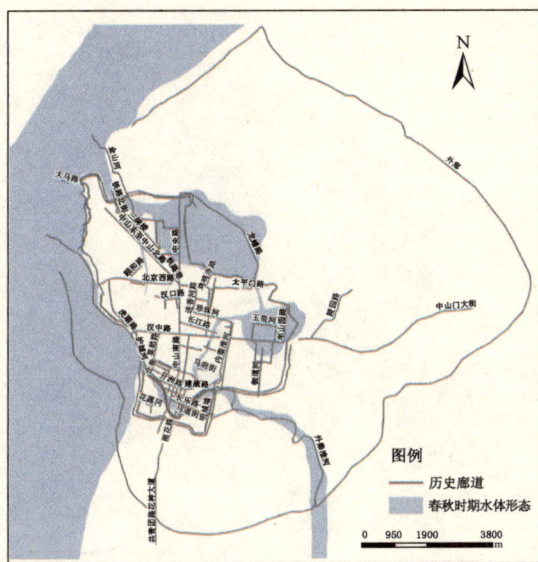

（a）历史廊道与春秋时期水系叠合

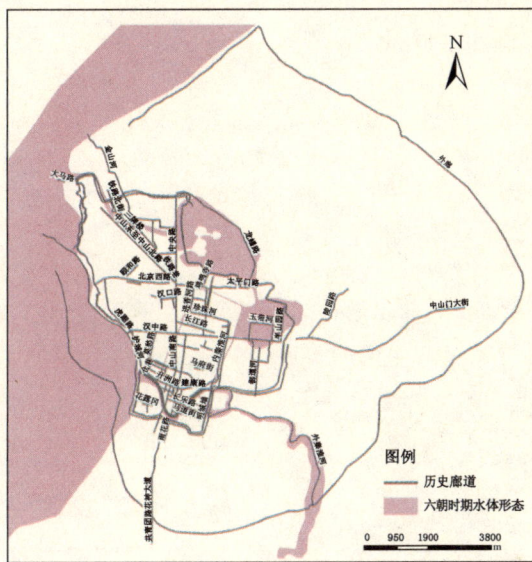

（b）历史廊道与六朝时期水系叠合

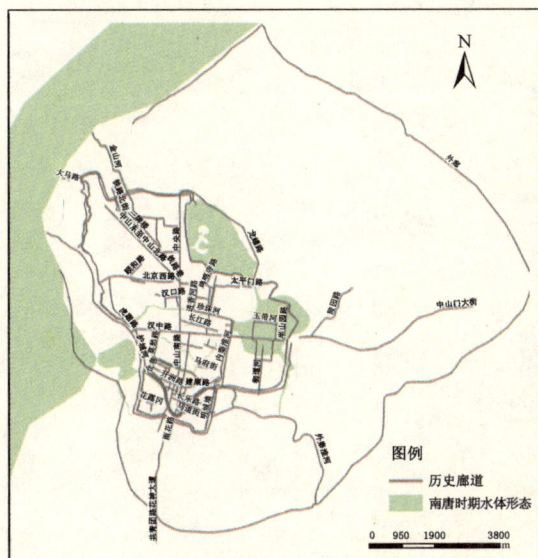

（c）历史廊道与南唐时期水系叠合

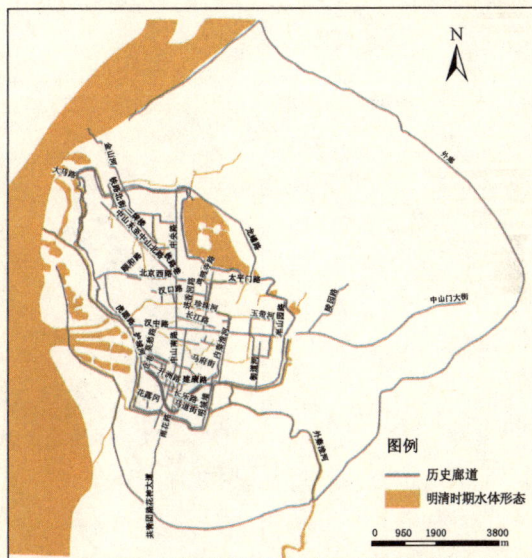

（d）历史廊道与明清时期水系叠合

图4-9　历史廊道与各时期水体形态叠合示意图

（2）风貌价值分析

提取历史廊道和地块单元要素,将历史廊道以100米范围做缓冲区分析,计算缓冲区内地块单元的空间肌理字段,统计每条廊道缓冲区范围内包含城市肌理的状态(如图4-10所示),计算其平均水平,然后综合专家打分意见,评价廊道的风貌价值得分。

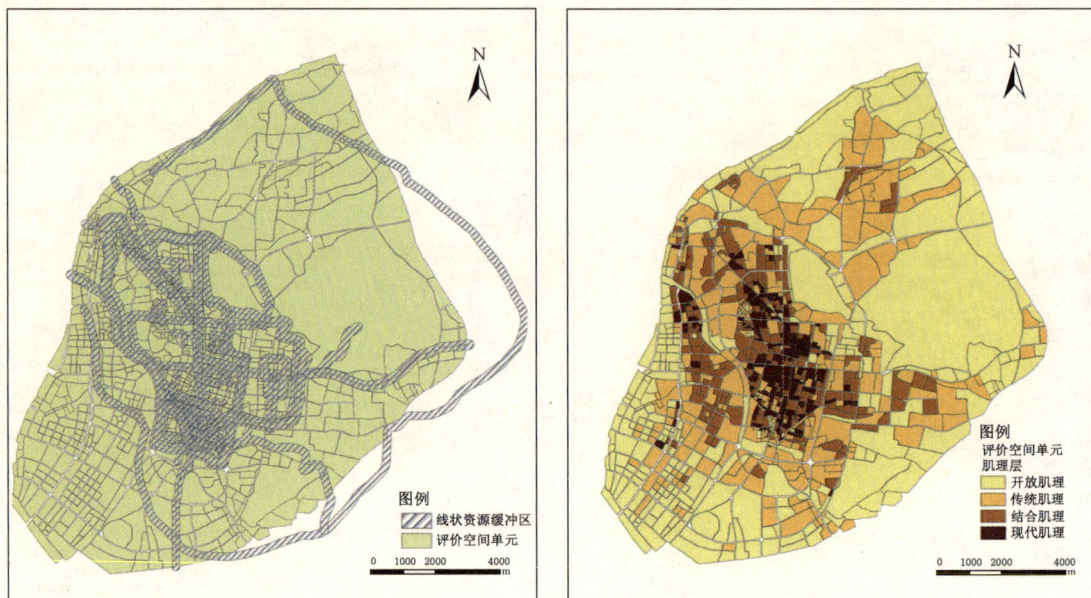

（a）历史廊道缓冲区与地块单元叠合

（b）提取城市空间肌理分类

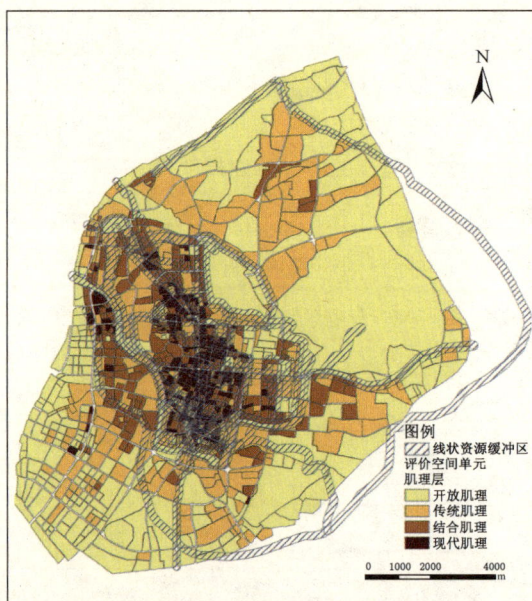

（c）缓冲区内各种肌理数量统计

图 4-10　历史廊道风貌分析图

（3）形态完整性分析

提取历史廊道和资源点要素叠加，对历史廊道以 100 米为半径做缓冲分析（如图 4-11），统计落入其中的资源点数量与资源点价值平均值，综合两者计算结果，获得廊道历史价值分数。

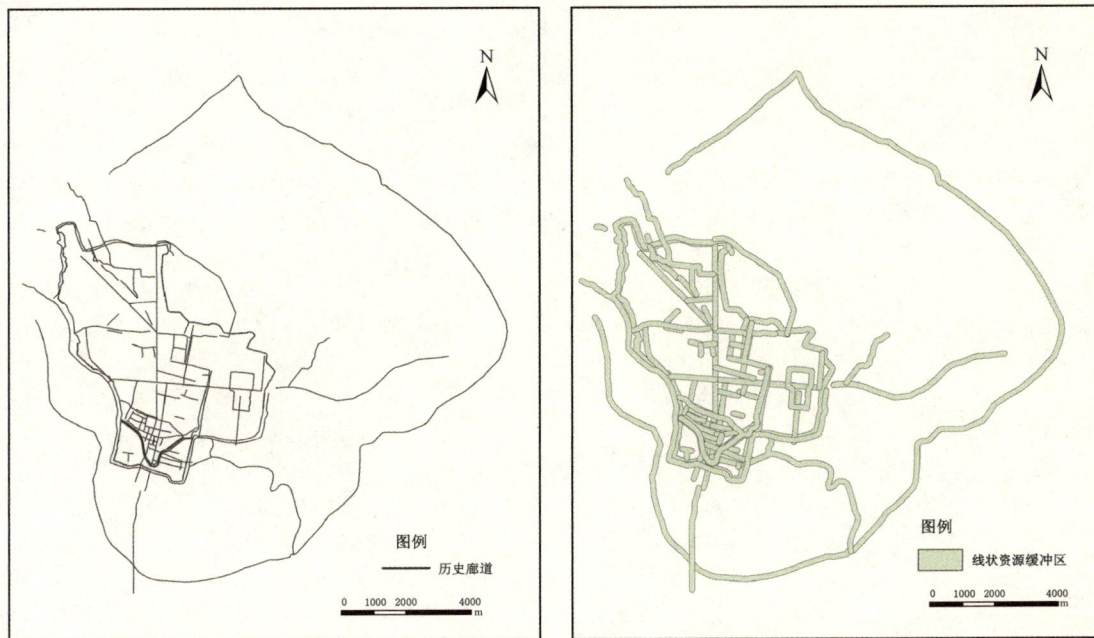

（a）历史廊道要素

（b）历史廊道缓冲区

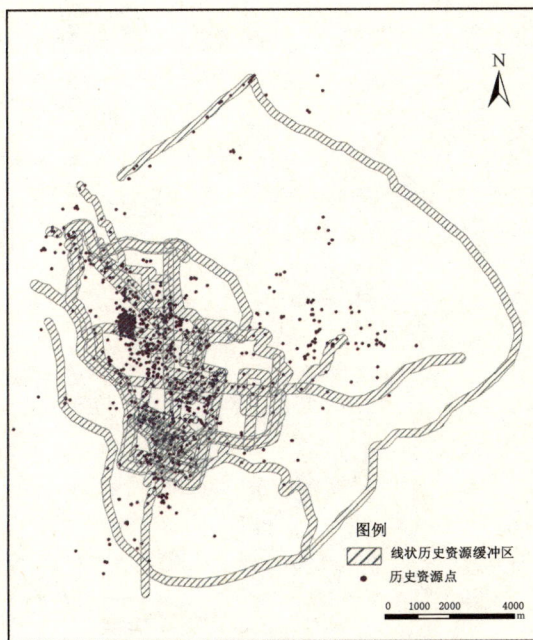

（c）统计缓冲区内资源点的数量和质量

图 4-11 廊道历史价值计算分析图

（4）历史真实性分析

提取历史廊道和明代、清代、民国时期历史道路要素（如图 4-12、4-13 所示），分析其重合情况，为其历史真实性赋值，与历史道路重合度越高的廊道历史真实性分值越高。

（a）明代道路与历史廊道叠合

（b）清代道路与历史廊道叠合

（c）民国道路与历史廊道叠合

图 4-12　历史廊道真实性分析图 1

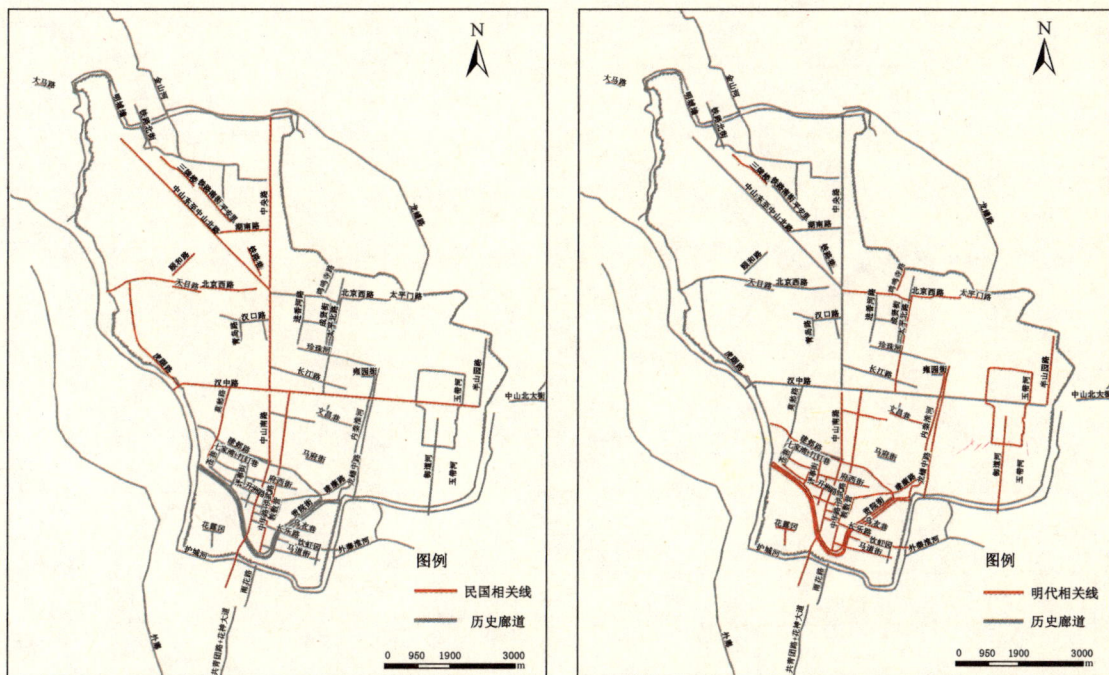

(a) 与民国道路重合较好的历史廊道分布　　　　　(b) 与明代道路重合较好的历史廊道分布

图 4-13　历史廊道真实性分析图 2

3) 评价结论图示

根据线状资源的体系计算各项指标层、准则层数据，如表 4-25 所示。

表 4-25　线状历史资源评价指标层和准则层分析图

指标层分析图示		准则层分析结果
历史价值	格局价值	自身价值

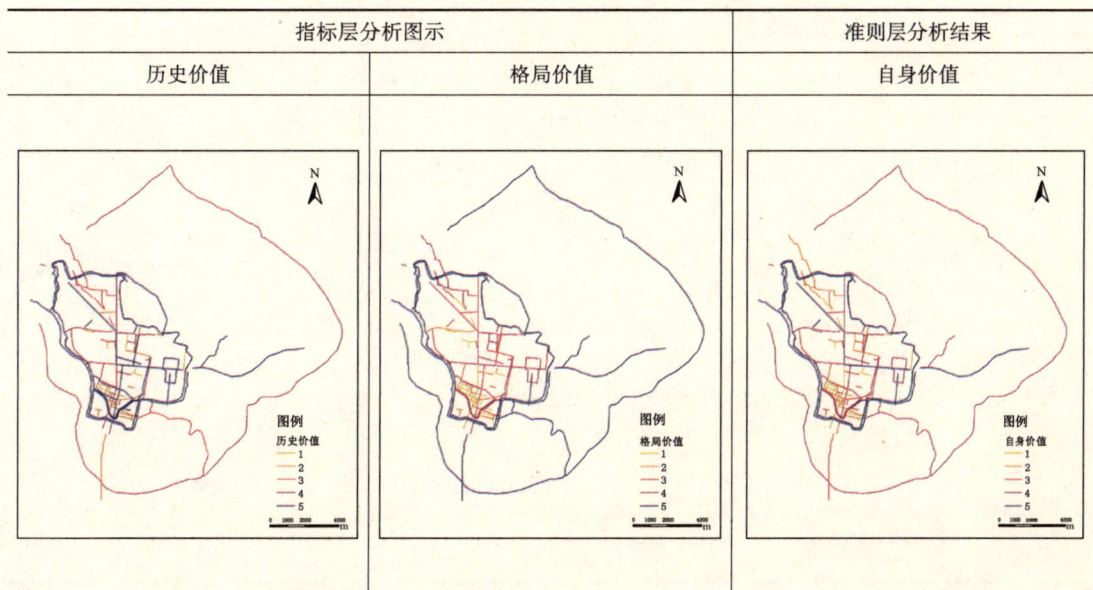

续表 4-25

<table>
<tr><th colspan="2">指标层分析图示</th><th>准则层分析结果</th></tr>
<tr><td colspan="2">特色价值</td><td></td></tr>
<tr><td colspan="2">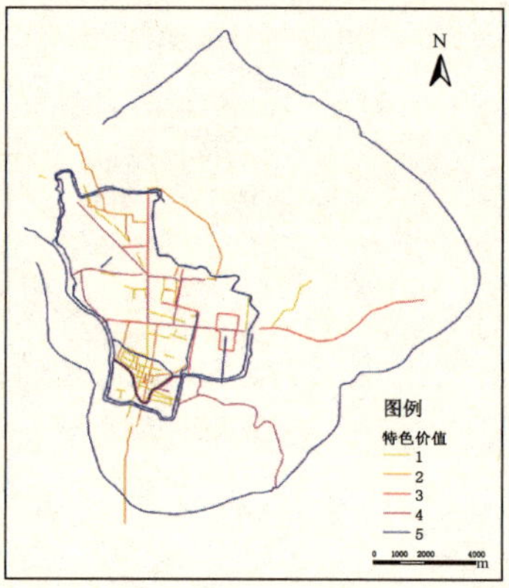
</td><td></td></tr>
<tr><td>风貌价值</td><td>形态完整性</td><td>保存状况</td></tr>
<tr><td>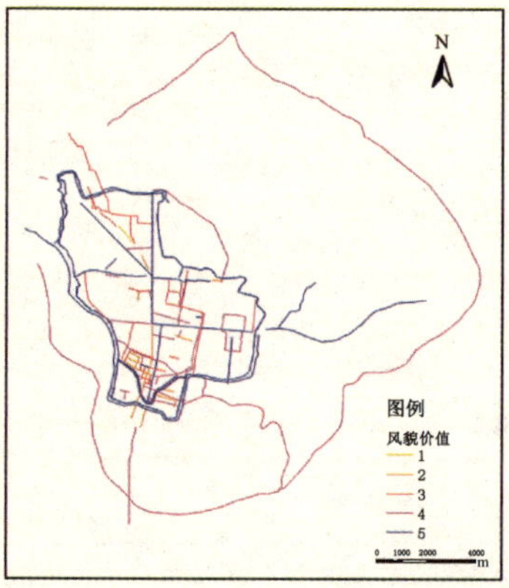
</td><td>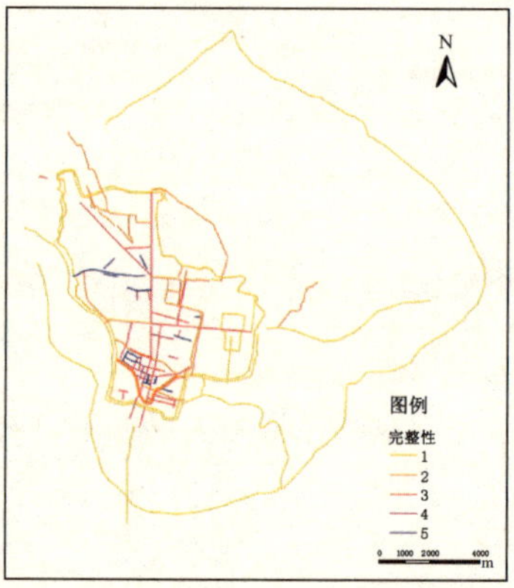
</td><td rowspan="3">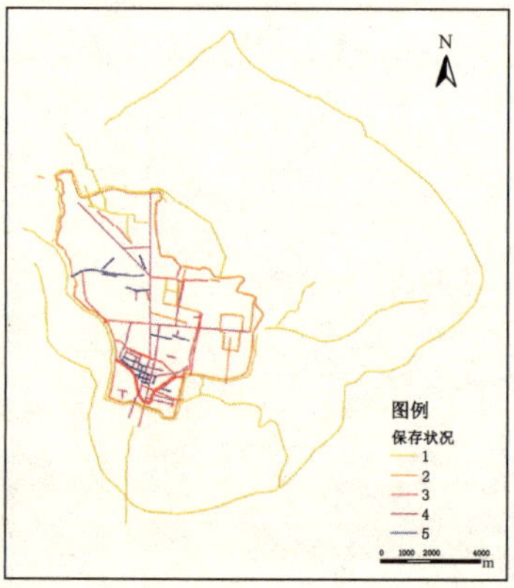
</td></tr>
<tr><td colspan="2">真实性</td></tr>
<tr><td colspan="2">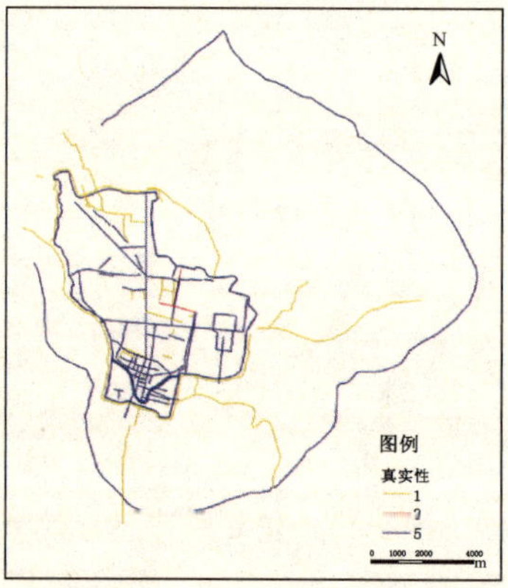
</td></tr>
</table>

　　根据两个准则层的数据计算结果,按层次分析法算得的权重,计算出历史廊道保护重要性,如图 4-14 所示。需严格保护的历史廊道主要有明代城墙、民国时期形成的主要道路以及秦淮河,这些廊道与南京历史和当代城市格局都有密切关系,保持着良好的沿线风貌。重点保护的历史廊道主要有明外廓、风景区内道路,其他一般保护的道路主要集中在老城南。

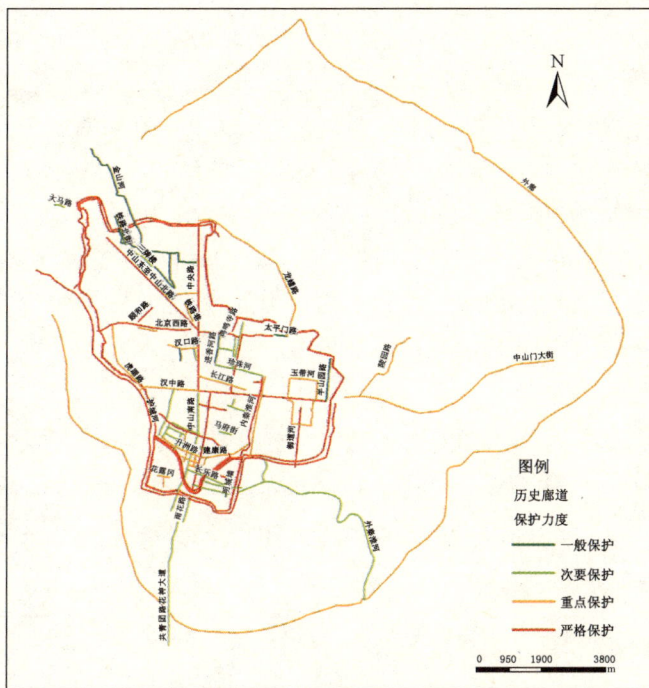

图 4-14　线状历史资源保护重要性分级图

4）分级保护建议

　　(1) 严格保护类:对于严格保护的历史廊道原则上不得使其灭失,同时为之制定相应的法规,划定保护范围,明确保护措施;设置统一的标志牌,并明确标明其名称、文化艺术价值、历史背景等基本信息等。

　　(2) 重点保护类:对于重点保护类历史廊道一般不得使其灭失,同时通过相关规划编制予以保护,具体可根据实际情况采取保留、局部保留等方式进行保护。

　　(3) 次要保护类:保护原则与重点保护类相同,保护力度可较之减弱。

　　(4) 一般保护类:对于一般保护类的历史廊道尽量保持其走向,保留名称,进行挂牌标识。

4.4.4　面状资源评价

1）评价依据与评分标准

　　与前面两类历史资源略有不同的是,面状历史资源评价对象并非是现有的研究成果,而是将南京主城内的所有地块都纳入评价对象的范围,在所有的地块中寻找风貌最好、价值最高的面状资源,从这种意义上说,也可将其称为面状单元。

表 4-26　面状历史资源评价指标依据表

准则	指标	二级指标	权	重		评价方法和打分依据
自身价值	历史价值	城市空间	0.4	0.637	0.833	叠合各时期历史地图，按沉积深厚程度分别赋值 1~5 分，地块历史沉积越深，分值越高
		权力空间①	0.6			
	格局价值	—	—	0.258		提取单元中心点，计算中心点到历史廊道的距离，按距离远近赋值 1~5 分，距离越近，分值越高
	景观价值	—	—	0.105		专家会议打分，综合意见按景观价值高低赋值 1~5 分，景观价值越高，打分越高
保存状况	历史资源富集度	资源点个数	0.7	0.750	0.167	叠合历史资源点层，统计街区内历史资源个数；再提取资源自身价值字段在单元内计算平均值，综合两者计算结果赋值 5~1 分，资源点越多，质量越高，分值越高
		资源点平均价值	0.3			
	形态完整性	—	—	0.250		叠合现状建筑层，分析街区肌理属性，历史肌理赋值最高 5 分，开放肌理次之，现代肌理赋值最低 1 分

2）评价过程图示

（1）历史价值计算

提取春秋、六朝、南唐、明清、民国五个时代的城市空间要素，分别与老城空间单元要素叠合。提取老城单元中心点，中心点被历史空间覆盖一次，积分一次，积分分数按年代久远程度（春秋 5 分、六朝 4 分、南唐 3 分、明清 2 分、民国 1 分），多次积分综合累加，将累加结果标准化到 1~5 的分数区间内，最后计算出城市空间沉淀深厚度（如图 4-15）。

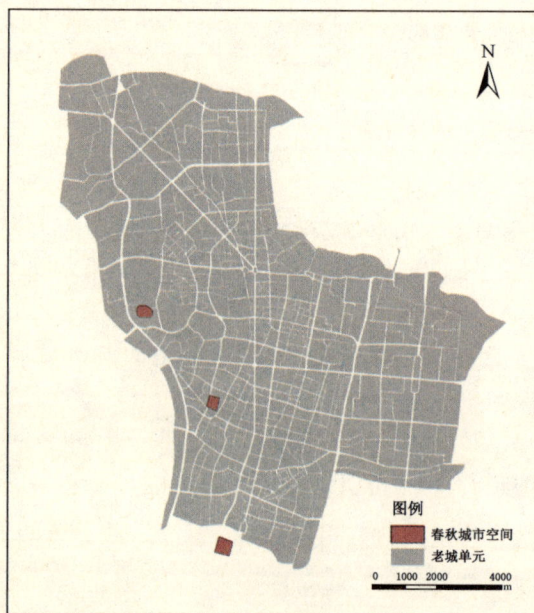

（a）春秋时期

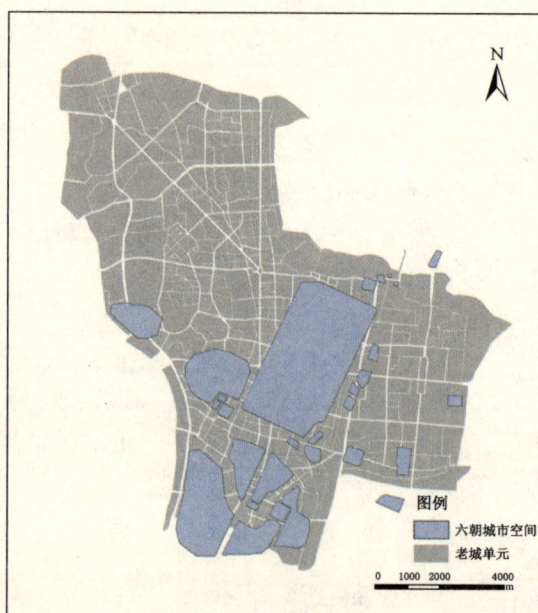

（b）六朝时期

---

① 指古代社会的皇城、宫殿、王府、衙署和近代社会的党政机关、行政机构、司法机构及驻军用地等。本文相关权利空间的历史地图出自东南大学建筑学院王鹤博士的专项研究《南京（老城）权利空间变迁研究》。

（c）南唐时期

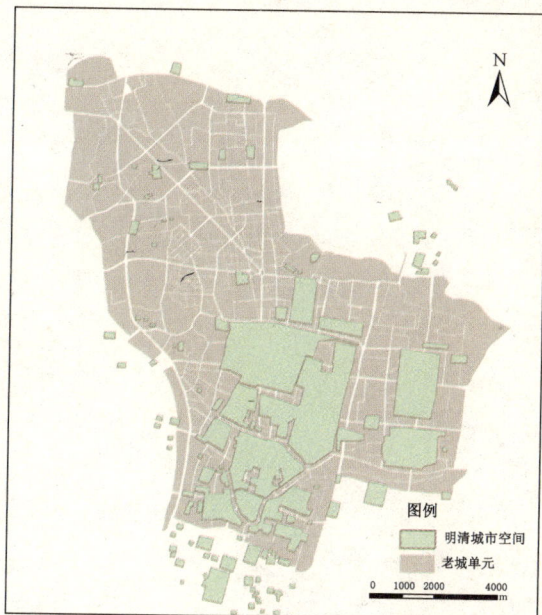

（d）明清时期

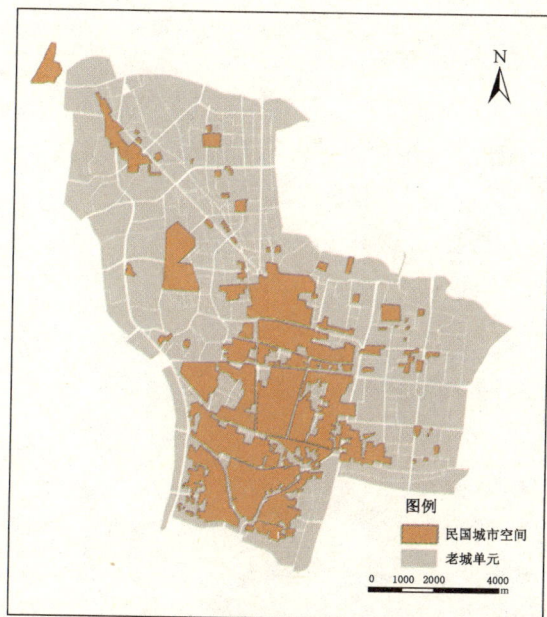

（e）民国时期

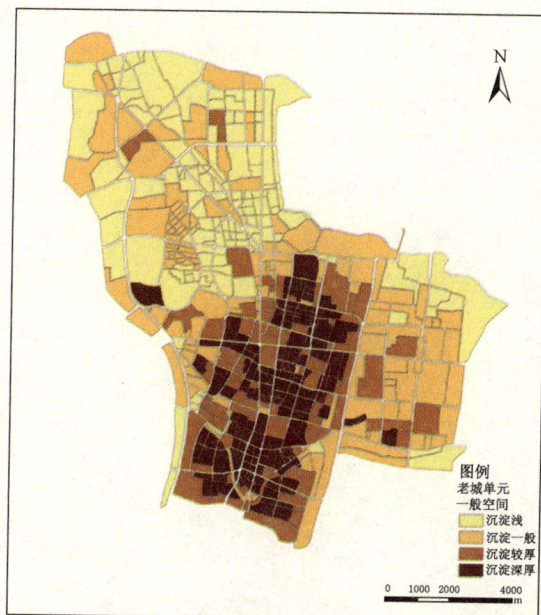

（f）计算结果分析图

图 4-15　历代城市空间与老城空间单元叠合计算分析图

　　用相同的方法叠加东吴、东晋、宋代、明代、民国时期的权力空间（如图 4-16），计算出权力空间沉淀深厚程度，将两者综合计算得出单元历史价值（如图 4-17）。

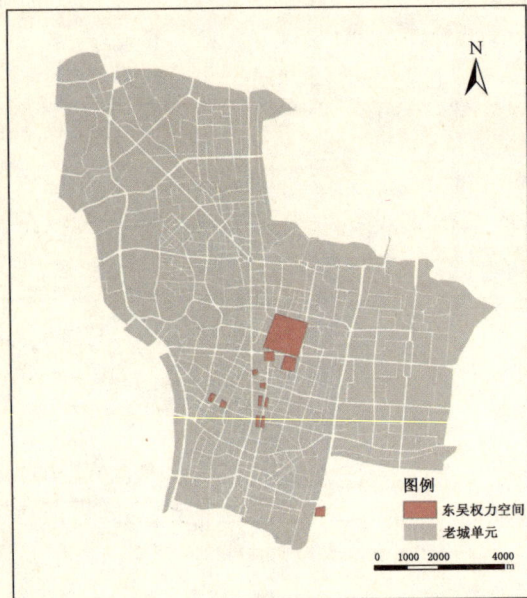

（a）东吴时期

（b）东晋时期

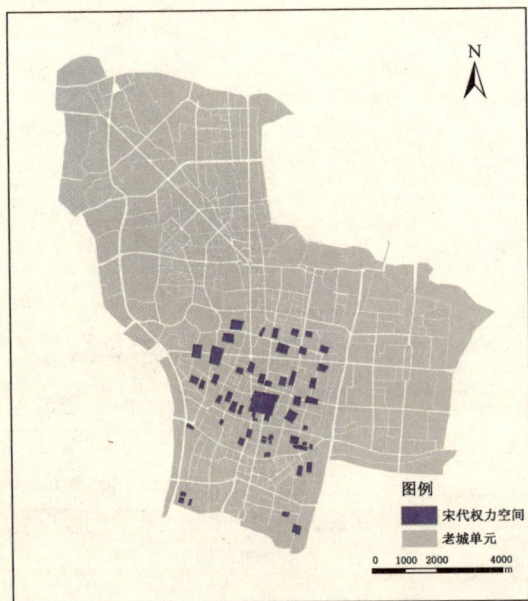

（c）宋朝时期

（d）明朝时期

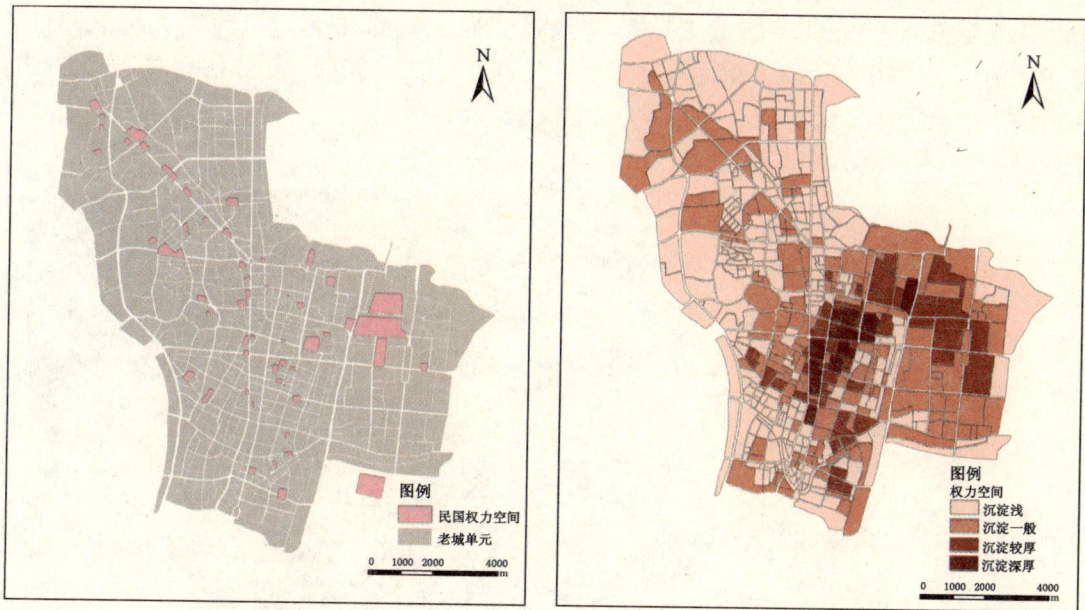

（e）民国时期　　　　　　　　　　　　　（f）计算结果分析图

图 4-16　历代权力空间与老城空间单元叠合计算分析图

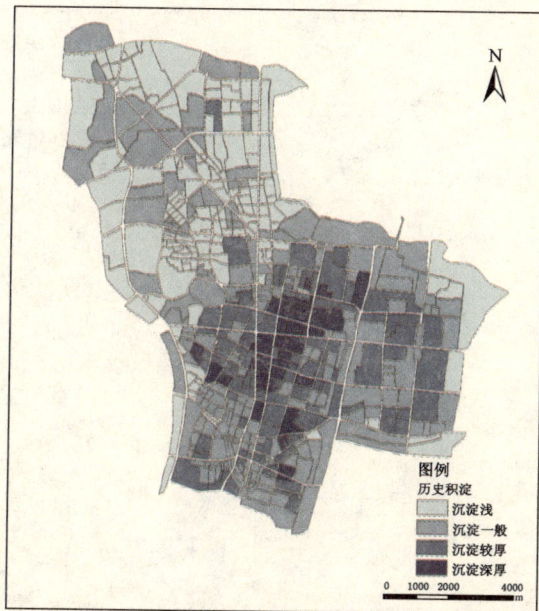

图 4-17　老城地块单元综合历史沉淀分析图

由于历史地图时间段的限制，很难将两种历史空间统一到一个时间维度计算，因此本文尽量选取相近时间分段进行分析。另外，受限于历史地图包含信息的精度的影响，将历史地图转译到当今城市现状地形图，将其信息赋予地块单元，本身也有一定的模糊性。

（2）格局相关性计算

历史廊道要素与地块单元要素叠合，提取每个地块单元的中心点，计算中心点到最近历史廊道的距离（如图 4-18），将所得到的距离字段标准化处理到 1～5 分区间内，分数越高，距离历史廊道距离越近。

（a）历史廊道

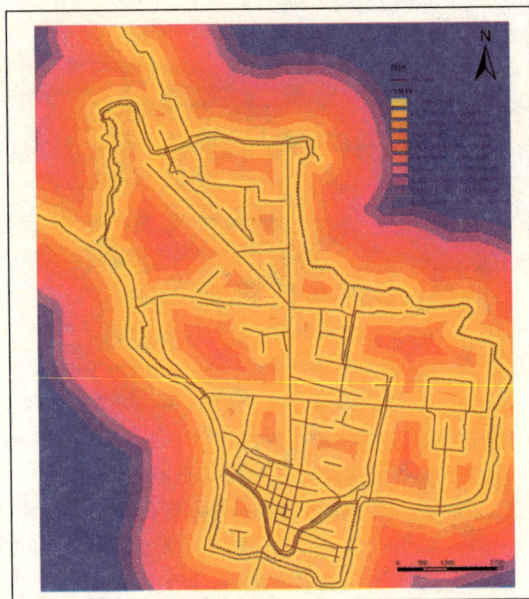

（b）廊道距离栅格

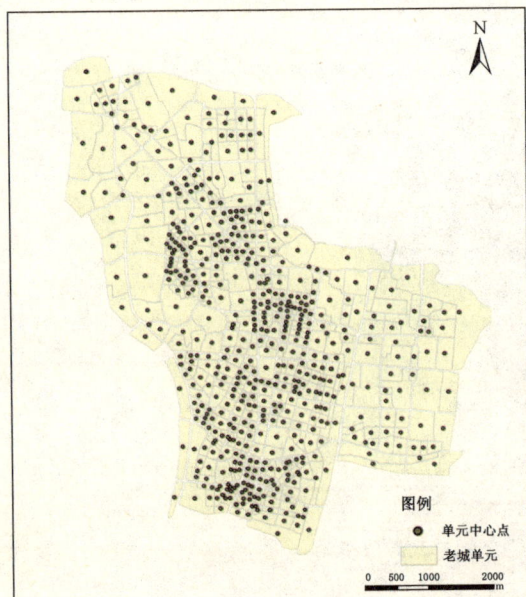

（c）提取地块中心点

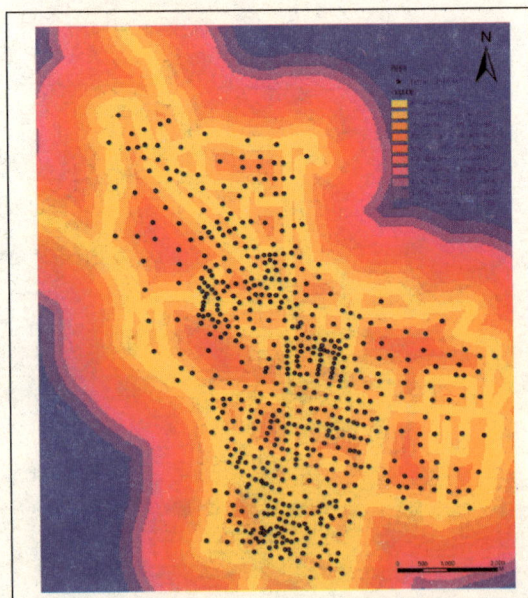

（d）中心点到廊道距离

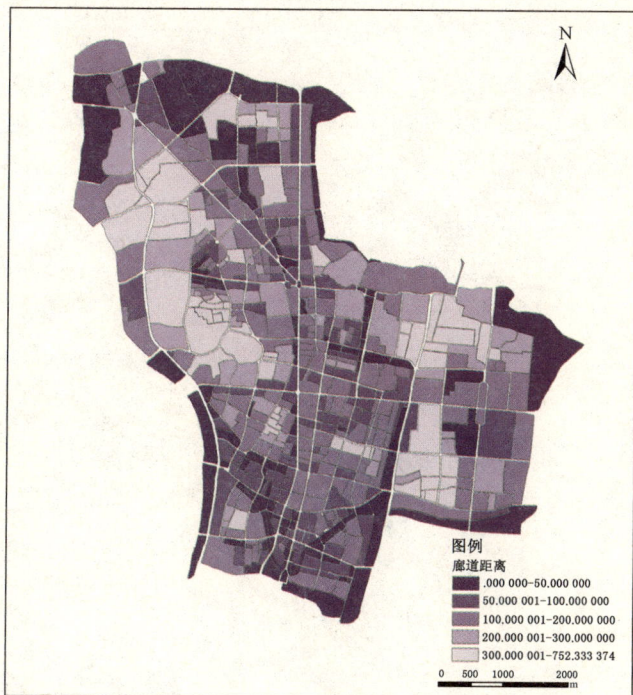

（e）地块单元到廊道距离分布

图 4-18 历史格局相关性计算分析图

（3）资源富集度

提取资源点层与地块单元层叠加，统计每个地块单元资源点的数量（如图 4-19 所示），随后提取资源点要素的自身价值字段，统计每个地块内资源点自身价值平均值，将所得的数据标准化处理后，综合分析，计算出地块的资源富集度分值。

（a）资源点与地块单元要素叠加

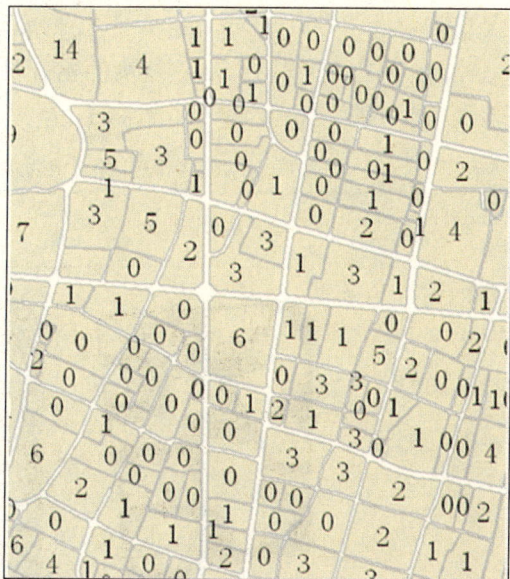

（b）统计每个地块资源点个数

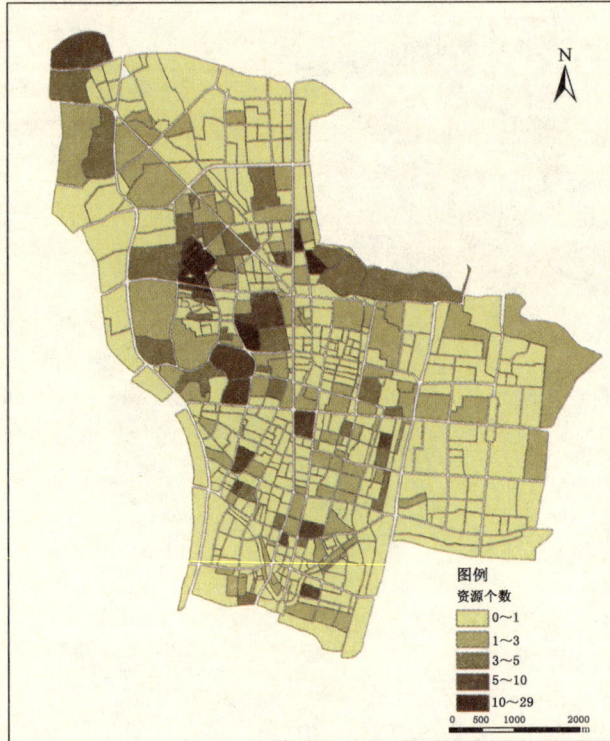

（c）资源点数量统计空间分布图

图 4-19　资源点数量统计图

（4）保存状况

研究街区的保存状况，主要是考察地块单元的建筑肌理在多大程度上保持了历史的特色。由于所研究范围较大，逐一观察建筑肌理比较费时，所以在参考其他学者对城市肌理研究成果的基础上[72][73][74][75]，对南京的地块单元也做分类别取样研究，取样计算分析结果如表 4-27 所示。经过分析，虽然地块的建筑肌理很难用某种指标完全代表，但以容积率来概括地块单元的肌理特征是比较合理的。

表 4-27　南京老城地块单元分类取样一览表

建筑密度	容积率	最高层数	肌理图底关系	航空影像	三维模型	类型
0.53	4.62	60				现代肌理

续表 4-27

建筑密度	容积率	最高层数	肌理图底关系	航空影像	三维模型	类型
0.19	2.17	15	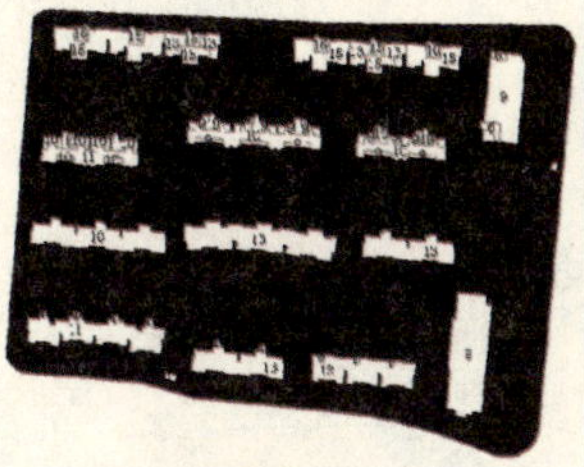	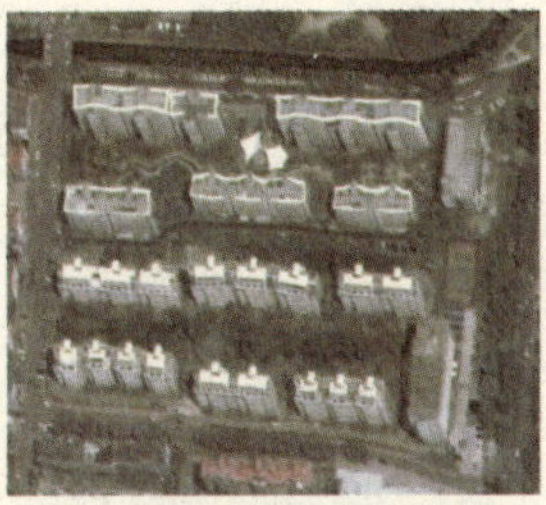	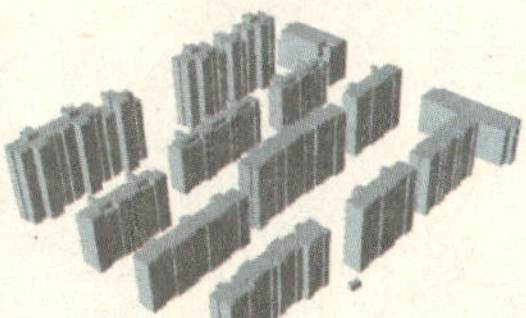	现代肌理
0.32	1.42	7	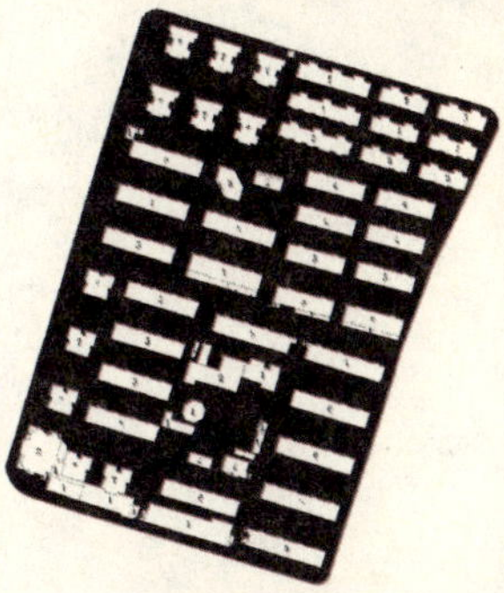	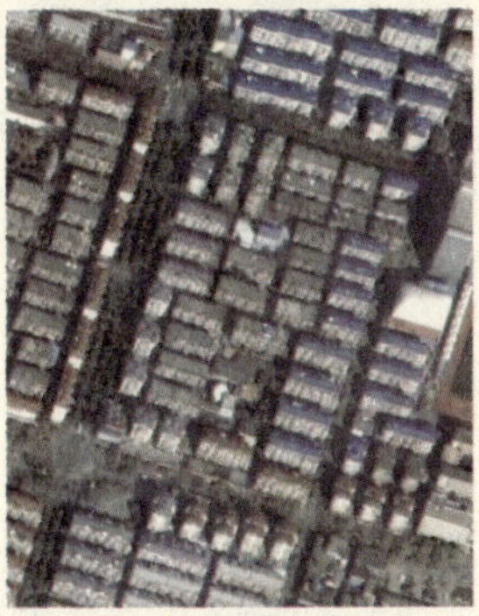	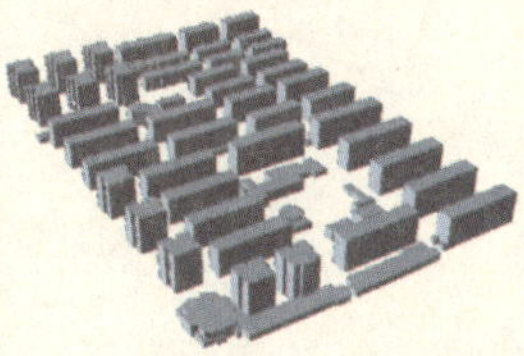	传统与现代结合肌理
0.49	0.84	6	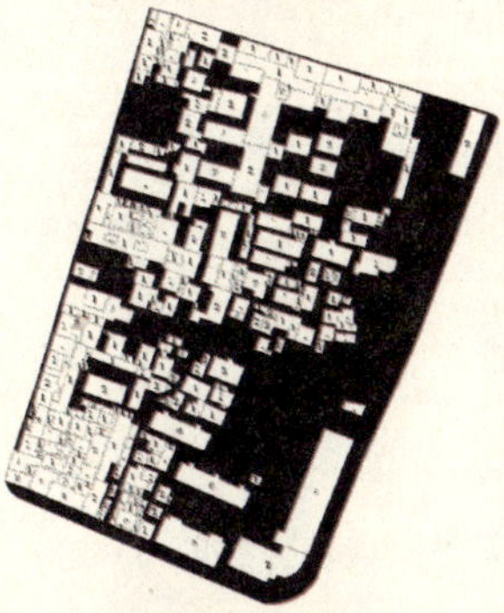	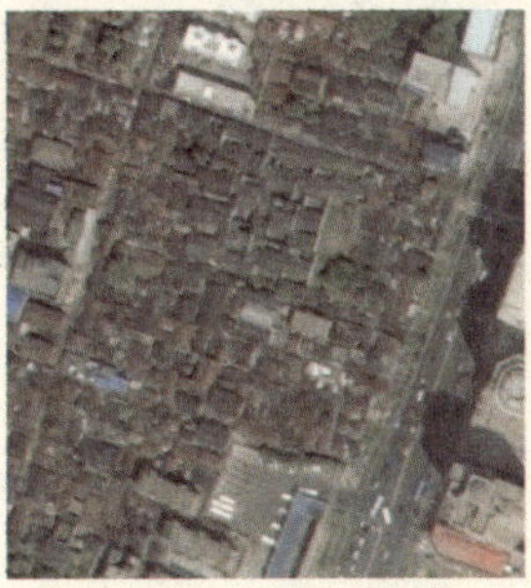	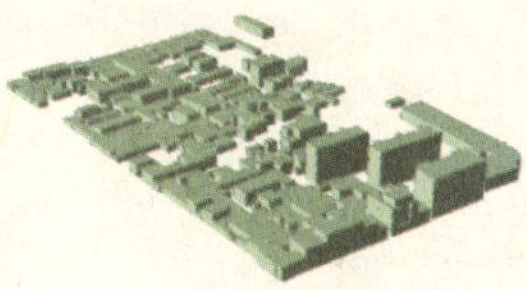	传统肌理
0.60	1.03	6	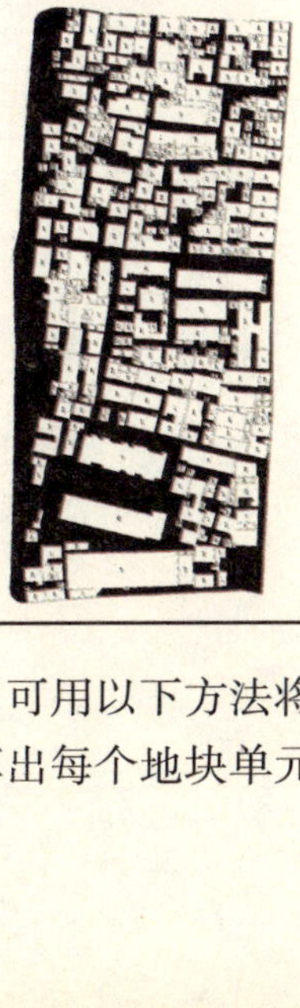	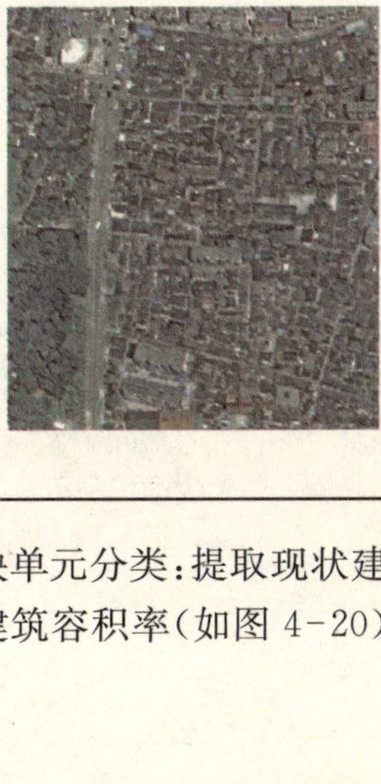	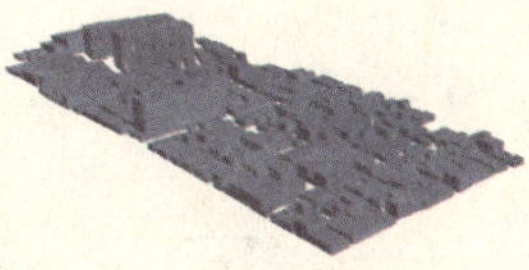	传统肌理

根据以上分析，可用以下方法将地块单元分类：提取现状建筑层要素，每个地块单元的建筑总面积，并计算出每个地块单元的建筑容积率（如图 4-20），按容积率的大小将地块单

元的肌理分类为四种类型:传统肌理(容积率 0.5~1.2),开放空间肌理(容积率小于 0.5),传统现代结合肌理(容积率 1.2~1.8),现代肌理(容积率大于 1.8~2.5),如图 4-19 传统肌理最适宜历史资源点的风格展示,因此可以将其赋值最高,开放空间肌理次之;以高层建筑为主的现代肌理不适合展示历史资源和历史风貌,因此其他的城市肌理类型随容积率增大分数逐渐降低。

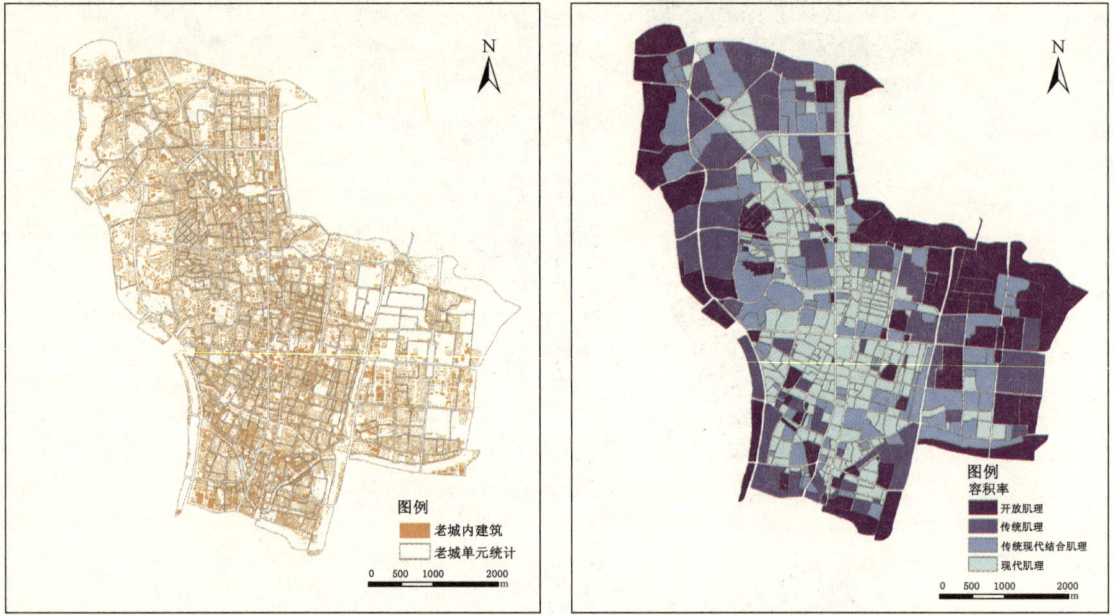

(a) 建筑层要素与空间单元要素叠加

(b) 城市肌理分析示意图

图 4-20　保存状况分析图

3) 评价结论图示

根据面状资源的评价体系计算各项指标层、准则层数据,如表 4-28 所示。

表 4-28　面状历史资源评价指标层和准则层分析图

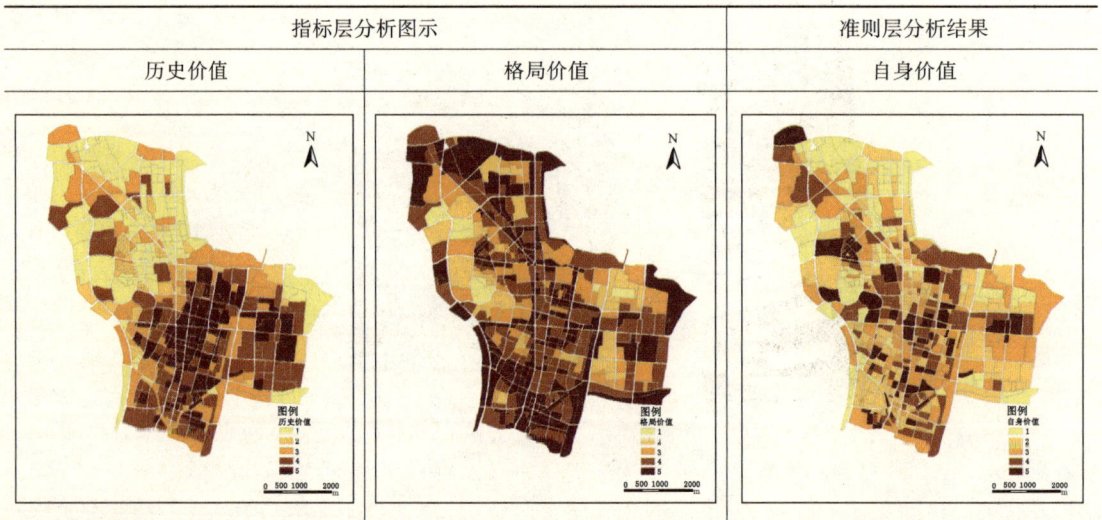

指标层分析图示		准则层分析结果
历史价值	格局价值	自身价值

指标层分析图示	准则层分析结果
景观价值	

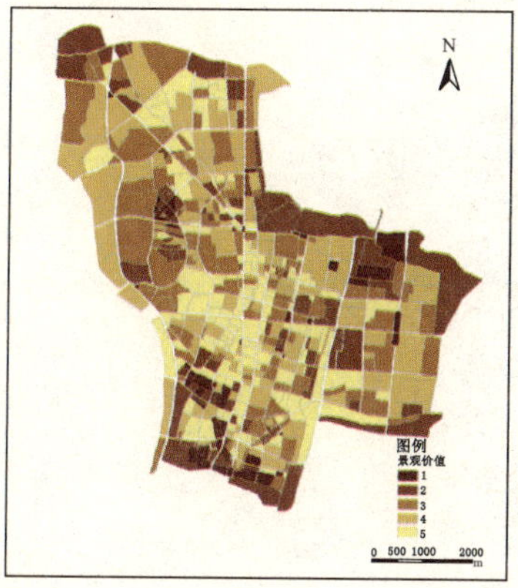

资源富集度	完整性价值	保存状况

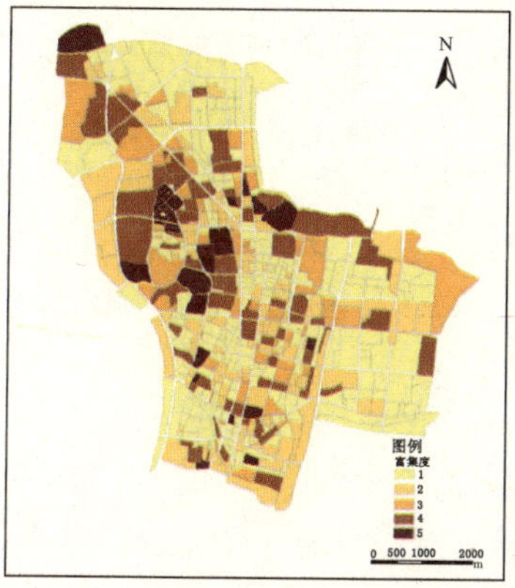

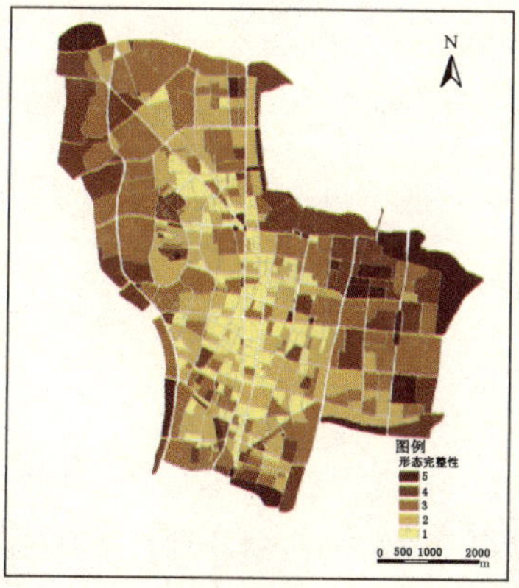

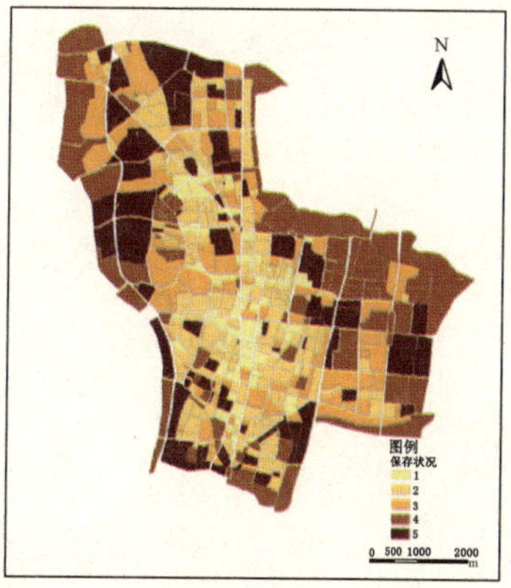

　　根据两个准则层的数据计算结果,按层次分析法算得的权重,计算出老城内地块单元保护重要性,如图 4-21 所示。需严格保护的地块单元主要集中在民国公馆集中的颐和路、明故宫周边、总统府周边、老城南及秦淮河畔。

4)分级保护建议

　　(1)严格保护类:对严格保护的面状历史资源应作为历史街区或自然保护区进入法定保护名录,对其进行相关的保护规划编制,划定保护范围,设立相关的职能部门负责其日常管理与运营。必须使其空间特色、街巷肌理、建筑风格保持原来面貌,已被破坏的部分应尽量按照其原有特点进行修复。

　　(2)重点保护类:保护原则与严格控制类相同,保护力度可较之适当减弱。

　　(3)次重点保护类:对此类面状历史资源,应该在保留其现存空间特色的基础上,以历史地段或风景区原有的特点为依据,进行整治、更新、整修。

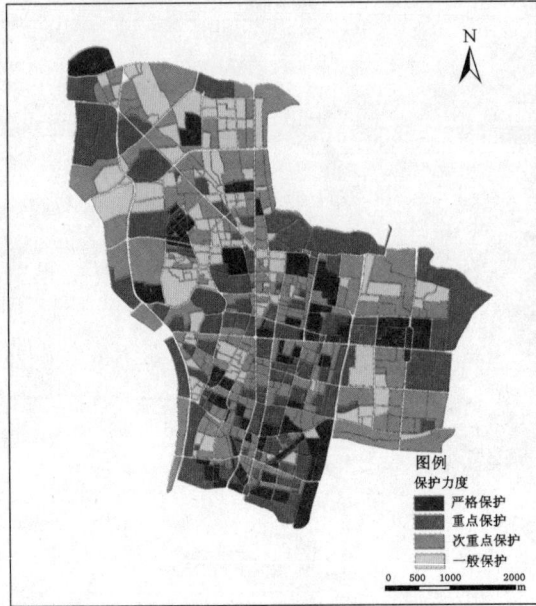

图 4-21　面状历史资源保护力度空间分布图

（4）一般保护类：对此类地块单元，可以改变使用功能、整体改造，甚至可以拆除后新建或作为公共空间、公共通道或绿地。

4.5　本章小结

本章以构建历史资源评价体系为主要线索，介绍了一系列与之相关的指标设计、数据处理方法和空间统计计算方法，在总结相关案例的基础上建立了历史文化名城历史资源评价体系，并以南京为案例，以上一章建立的名城空间信息数据库为基础，详细介绍了基于 GIS 技术平台，如何将以上各种方法综合运用到历史资源的评价过程中。

本文中的评价体系与前人不同之处在于两点：首先，将空间统计计算的打分方式融入评价方法之中，而不是全部由专家意见汇集打分；其次，将城市的历史发展逻辑整合到评价指标之中，不但评价历史资源的现状，也评价其与城市历史变迁脉络、城市历史格局的关系。

三种类型的历史资源各有特点，三者的评价过程既各自独立，又相互有着联系，在对历史文化名城的保护方法上也是互为补充，以求实现不只保护历史资源实体，更能从整体的层面保护与城市历史逻辑紧密相关的格局和肌理。

5　GIS 在历史文化名城保护规划中其他方面的应用

在历史文化名城保护规划的编制中,需要根据规划文本内容和名城自身特点绘制规划图纸,以直观表达现状和规划内容。另外,在规划编制过程中,工作人员也需要一些工作分析图来调整自己的规划思路,这些图虽不作为规划成果,但有助于工作过程中厘清思路和交流探讨。

在传统的保护规划工作中,以上图纸一般由规划编制人员根据现状图和规划要求,利用 CAD、Photoshop、3Dmax 等常规制图软件,将现状和规划内容转化为图面表达形式。由于保护规划设计的基础资料繁杂,规划过程中又难免反复调整修改,使得绘图工作变得繁重,耗费了大量的时间和人力。

在建立历史文化名城空间数据库之后,可以利用 GIS 技术的数据管理、空间分析等功能,进行专题制图,直接由 GIS 软件将现状信息和资源评价结果反映到图纸上,不仅直观、便捷,更能在一定程度上辅助规划工作者做出规划决策。本章将以 GIS 为平台,以南京为案例,结合保护规划的要求,介绍 GIS 技术在历史文化名城保护规划这些方面的应用。

5.1　地下文物埋藏区的划定

5.1.1　划定地下文物埋藏区的意义

历史文化名城的历史资源不但存在于地上空间,由于水文、地质、气候因素的变迁,以及人类活动的特点,许多历史资源被埋藏于城市的地下空间,例如:古代墓葬、古建筑地基、古城遗址、古井、古代河道桥梁等,这些都是重要的考古资源,也是保护规划的保护对象。

由于近年来城市建设速度的加快导致城市用地的紧张,尤其是对于寸土寸金的城市中心而言更是如此,因而许多城市将大力发展地下空间作为改善和发展城市商业中心的方法之一(如图 5-1),再加上近些年国家大力发展城市快速公共交通,使得地铁建设成为城市公共交通的一大主题(如图 5-2),以上这些特点在南京主城都表现得十分明显。

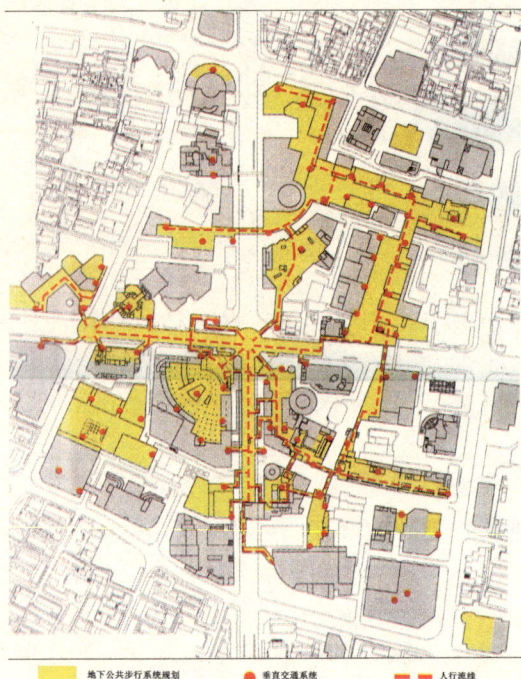

图 5-1　南京新街口核心区地下步行系统

来源:南京规划局(2000 年由东南大学建筑学院、南京市规划设计研究院合作)

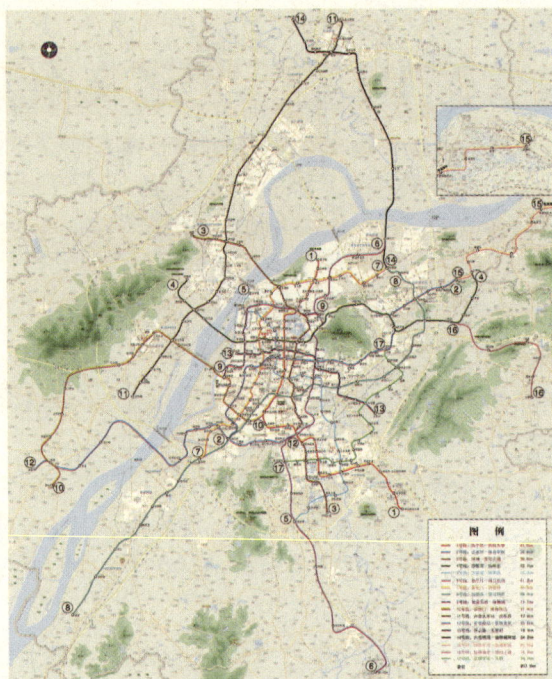

图 5-2　南京地铁规划图 2020 年

来源:http://xw. longhoo. net/2010－03/30/content_1989649. htm

　　虽然在城市中开发地下空间,对节省城市用地、改善城市交通、节约能源、减轻城市污染、扩大城市空间、提高城市生活质量等方面,都能起到重要的作用[76],但这对历史城市埋藏丰富的地下文物而言,也构成了威胁。在地下工程的建设过程中,常在地下发现历史遗迹,由于地下文物受国家文物保护法的保护,此时施工部门就要为考古单位临时让出场地,提供考古挖掘条件;如施工过程中没有留意,还可能会造成一些有价值的地下文物被破坏。为了尽量减少这种情况发生,认真细致划定地下文物埋藏区,对城市地下空间的建设有着指导性意义。

5.1.2　划定地下文物埋藏区的方法

　　根据地下文物埋藏分布的特点,提取历史资源点要素,选择古遗址、古墓葬等类型的资源点,将以上资源点与主城空间单元叠合。再提取各个历史时期的城市空间、权力空间要素,将各时期历史地图与主城空间单元要素叠加,计算地块单元的历史积淀程度(同 4.4 节计算地块历史价值的方法),按空间单元的历史沉淀字段分级显示地块历史沉淀的丰厚程度,颜色越深说明该地块历史沉淀越深(如图 5-3),即该地块人类活动的历史越久,该地块存在地下文物的可能性也就越大。

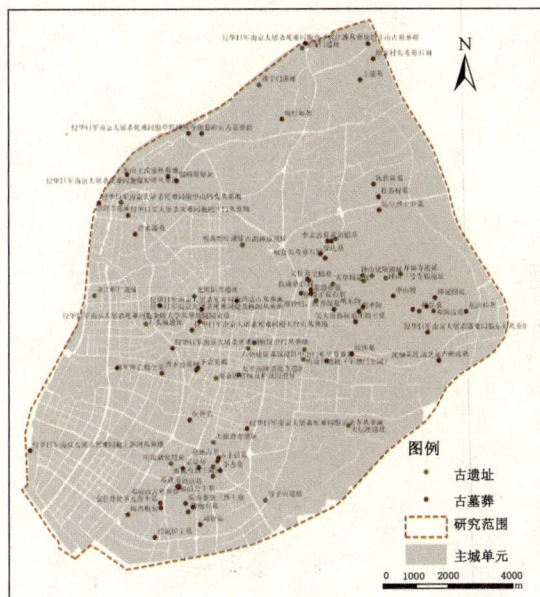

（a）古墓葬古遗址分布图

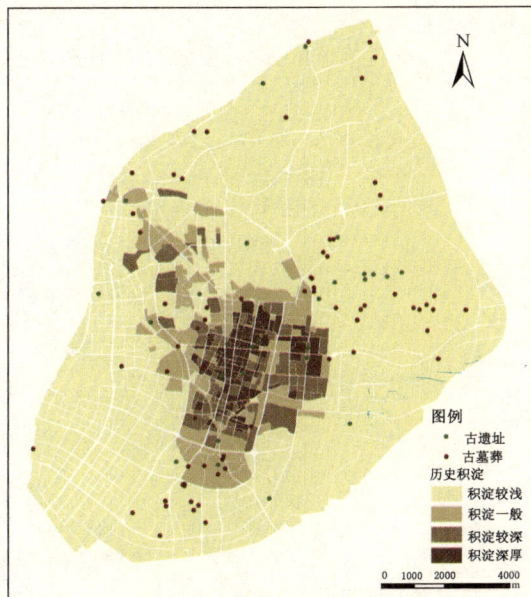

（b）古墓葬古遗址要素叠合历史沉淀分布

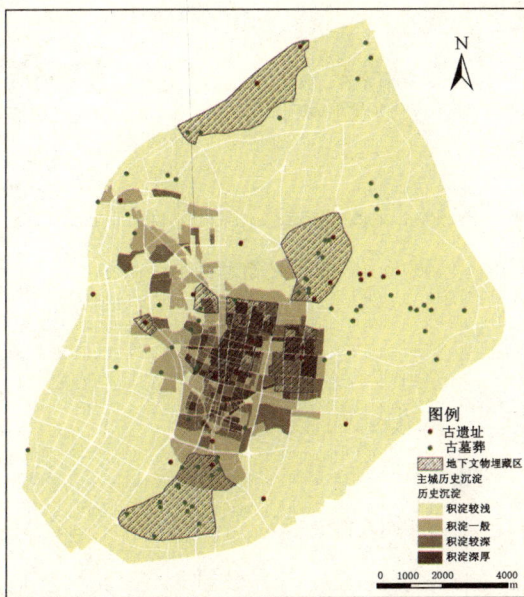

（c）综合分析划定地下文物埋藏区

图 5-3　地下文物埋藏区范围划定过程示意图

　　综合考虑古墓葬、古遗址的分布和城市空间历史沉淀的情况，划定地下文物埋藏区的范围（如图 5-3、5-4 所示）。需要说明的是，由于各个城市的历史特点不同，影响地下文物分布的因素也十分复杂，因此该分析结果作为划定地下文物埋藏区的参考，需要经过专家会议论证，听取多方面意见才能得出结论。

图 5-4　地下文物埋藏区范围图

5.2　历史文化保护区的划定

5.2.1　划定历史文化保护区的意义

历史文化名城保护规划中重要的一项内容就是划定保护区。《中华人民共和国文物保护法》规定,文物保护区范围内不得进行其他工程建设,并且"根据文物保护实际需要,经各级人民政府批准,可以在文物保护区周围划定一定的建设控制地带。这个地带内修建的新建筑和构筑物,不得破坏文物保护单位的风貌"。据其自身价值和环境特点,一般设置绝对保护区及建设控制区两个等级,对有重要价值或对环境要求十分严格的文物古迹可划定环境协调区。

总结相关法规要求,划定保护区有两个层次的含义:一个是针对微观层次的文保单位,分别划定其绝对保护区(即文物古迹地段),对于特别重要的保护对象,还需划定建设控制区、风貌协调区。另一个是宏观层次,在整个城市的范围内划定历史街区。历史街区与文物古迹地段不同之处在于前者更加注重整体风貌、生活性和世俗性,而后者注重的是科学价值,非常重视原貌。相比之下,GIS技术应用于历史街区的划定更有优势。

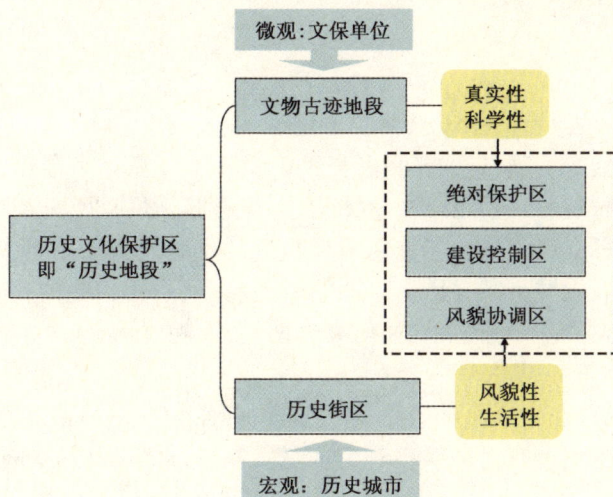

图5-5　历史地段分类图解

5.2.2　划定历史文化保护区的方法

本书4.4节中相关面状历史资源评价的计算结果,可直接用来划定历史街区范围,如图5-6,图中地块颜色越深表示其价值越高、保护力度越大,将沿南京明城墙与护城河集中地块划为明城墙风光带保护区,老城内部分布集中的重点保护地块集中划为历史街区,个别不适宜作为历史街区的地块从中删除,如学校、政府机关等。

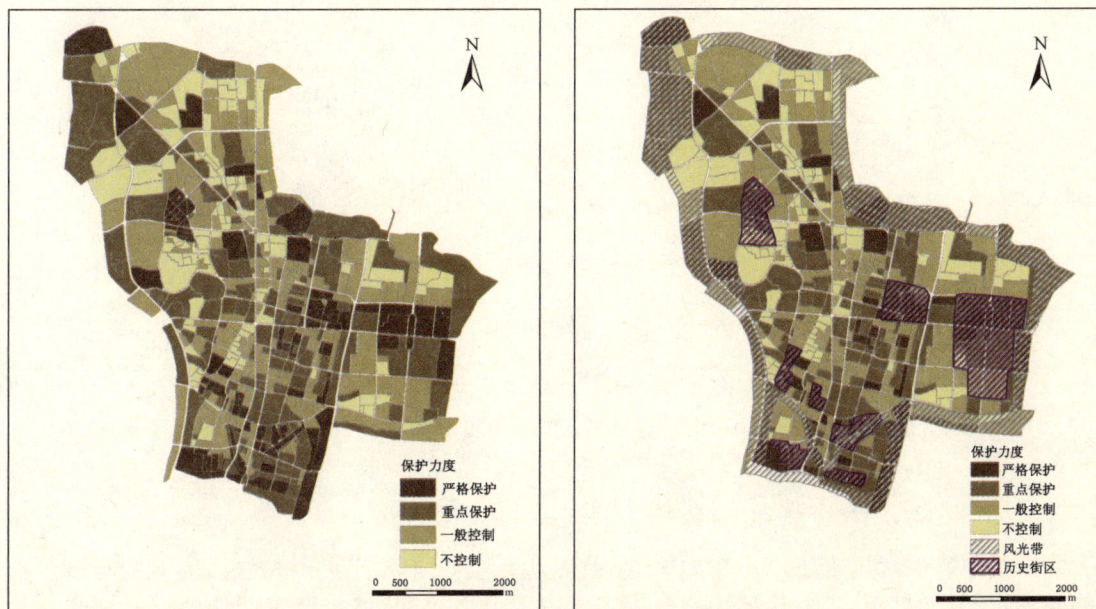

图5-6　历史保护区范围划定分析图

5.3 遗产展示体系

5.3.1 遗产展示体系的意义

对于历史名城而言,类别繁杂、年代各异的大量历史资源集中存在于老城中,将其系统、有序的分类别、分区域展示,全面保护、整体构建,能够起到烘托历史氛围和打造特色景观的效果,并能给参观的民众以清晰的展示思路和良好的文化熏陶。这种展示体系的分类依据既可以是时间的,如展示城市某一历史时期的风貌特色,也可以是空间的,如把某一历史廊道作为连贯起两侧历史资源的纽带。如何分时期、分空间展示,取决于该历史城市的历史发展特点和空间特色。

对于本文的研究对象南京而言,时间和空间均可作为展示体系线索。从时间分类角度讲,六朝古都南京在历史上有很多繁盛时期,六朝、南唐、明朝、民国都有大量的历史遗产保存至今,可建构历史文化遗产展示体系[77]。从空间角度讲,国内保存情况最好的历史城墙——明代城墙,可以作为一条重要的遗产展示线索;秦淮河也可以用来展示传统江南风光特色。

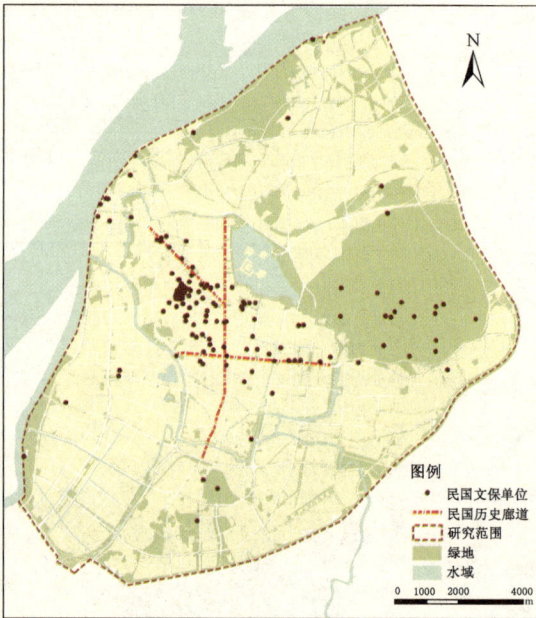

图 5-7　民国遗产展示体系分析　　　　图 5-8　明代遗产展示体系分析

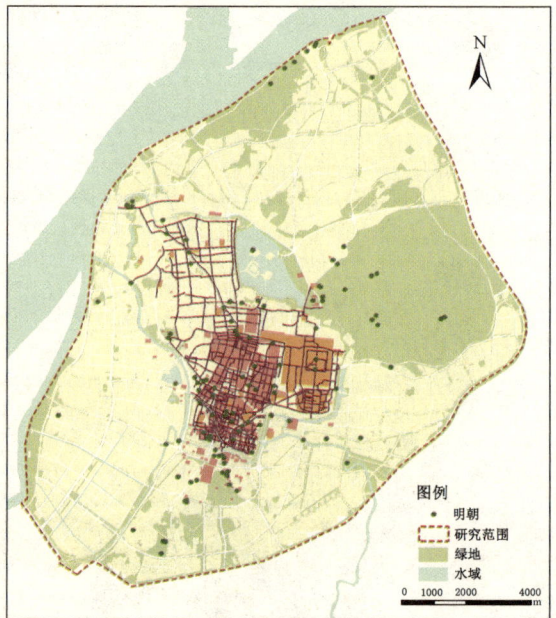

5.3.2 遗产展示体系的建构方法

以民国和明代遗产展示体系为例,借助南京名城空间数据库,利用两种方式对这两个时期的历史遗产和历史信息作整理和分析。提取资源点要素,将民国时期的文保单位筛选后与民国时期历史廊道相叠合,可以将文保单位相对集中的两线一面划定为民国特色展示的区域。

提取明朝时期的城市空间、权力空间、历史道路、资源点四种要素叠加,设计计算规则,如临近历史道路 1 分,有资源点 2 分,被城市空间覆盖 3 分,被权力空间覆盖 4 分,由此综合计算地块单元的得分情况,划定两片明代风貌区。

5.4 城市空间形态控制

5.4.1 城市空间形态控制的意义

历史文化名城的空间形态控制,主要是建筑高度控制。当今城市建设用地紧张,在市区通常会密集的开发高层建筑群,然而在历史文化名城确定的保护范围内,一般都有较好的传统风貌,而一般在传统的特色地段内,建筑高度都不高。而在控制地段外,大量新建的高层建筑便与之产生了矛盾(如图 5-9 至图 5-12 所示),若要保护这种宜人的尺度和轮廓线,必须要在保护区范围内制定建筑高度的控制标准。在保护区范围之外也有这种要求,包括:视线制高点的要求,景点之间相互通畅的要求,某些地点看到山体轮廓线的要求等[28]。因此,应对老城区乃至整个城市的建筑高度提出控制要求,并以此为标准指导和校正控规的法定图则,导控历史文化名城的整体空间形态。

图 5-9 济南名景——佛山倒影:如今大明湖的千佛山倒影和天际线已被南部大量高层建筑破坏

来源:http://hi.baidu.com/

图 5-10　台城望鸡鸣寺：距离文保单位一定范围内建筑高度被控

图 5-11　台城东眺玄武湖：南京主城东部整体高度形态平缓，破坏玄武湖和紫金山风貌

来源：http://blog.sina.com.cn/pseudogap

图 5-12 自小鱼山俯瞰青岛老城：部分高层与历史建筑群在尺度和形式上都不协调，影响天际线和老城肌理

影响城市空间开发强度和建筑高度的因素有很多，包括经济、地理、环境、交通等诸多方面，需要对其进行综合分析、多因子评价才能得出结论①。本文仅就历史文化资源保护这一方面提出控制建议。

5.4.2 现状分析

通过对南京主城范围内空间肌理的分析，可以看出大量高层建筑集中在老城范围内，以高层建筑为代表的现代肌理以老城内的新街口商业区核心地段为核，逐渐向外扩散，如图 5-13 至图 5-16 所示。虽然如此，明城墙周边、秦淮河两岸、玄武湖畔以及钟山风景区周边的建筑高度都得到了很好的控制，基本保持着"一山一湖一河一江一城"②的基本特色框架。

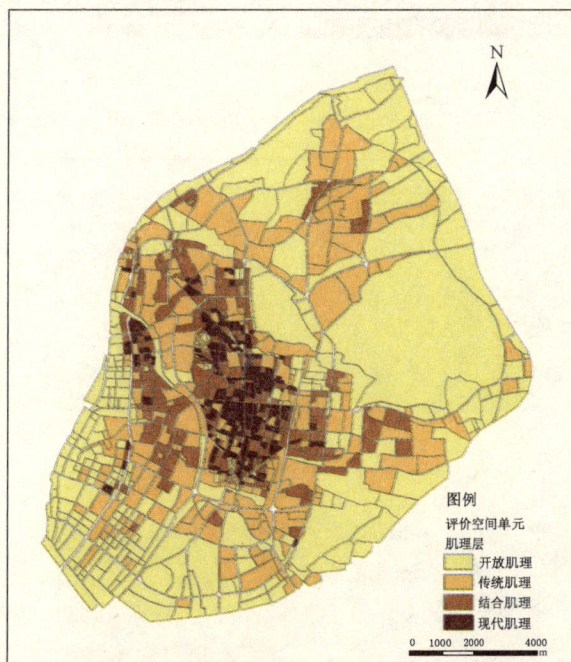

图例
评价空间单元
肌理层
□ 开放肌理
■ 传统肌理
■ 结合肌理
■ 现代肌理

图 5-13 南京主城建筑容积率空间分布示意图

---

① 《南京老城空间形态优化和形象特色塑造》专题研究，东南大学建筑学院，2002 年。
② 《南京城市空间特色整合塑造 2008 行动计划项目建议》，南京市规划局、东南大学城市规划设计研究院，2007 年。

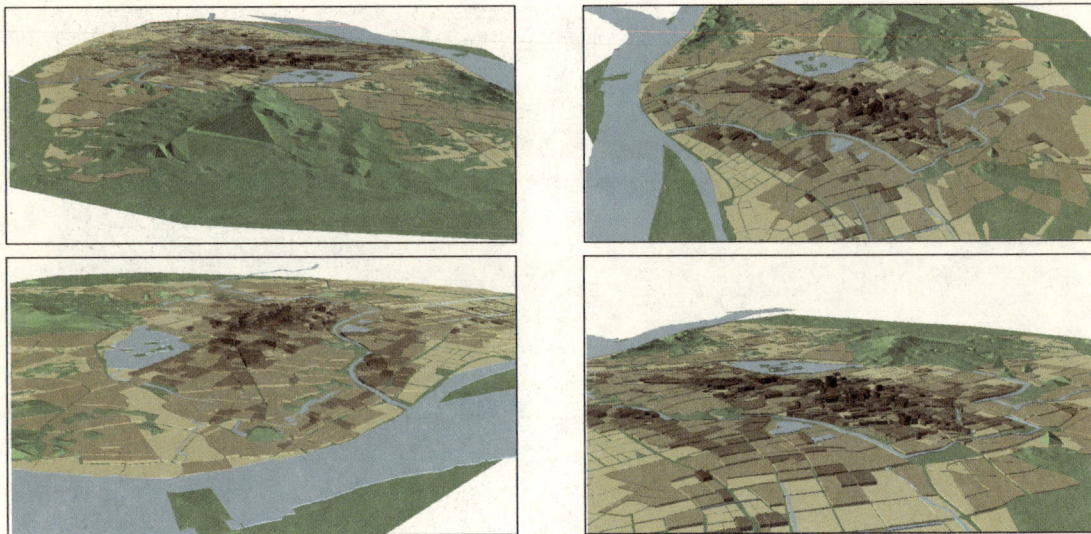

图 5-14　南京主城现状空间形态模型鸟瞰图

图 5-15　俯瞰南京主城

来源：http://xdphoto.sheying8.com

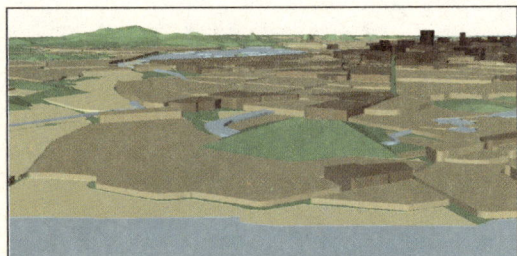

（a）中山北路历史廊道

（b）中央路历史廊道

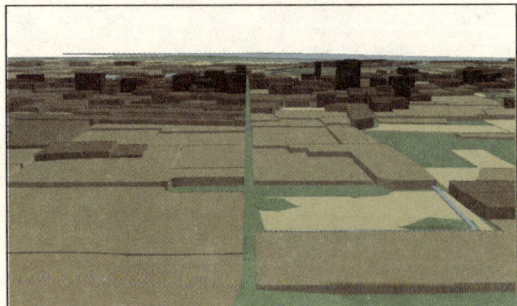

（c）明故宫历史街区和中山东路历史廊道

（d）城南及秦淮河风光带

图 5-16　南京主城现状空间形态模型图——廊道与历史街区

5.4.3 多因子综合评价

高度控制是为了控制历史文化名城的历史格局，保持历史资源环境的完整。因此，各类历史资源的分布，是研究城市高度控制的主要因素，包括：历史资源点、历史廊道和历史街区的分布（如图5-17）。由于历史资源点、历史廊道的数量众多，本文对于这两者只选取相对重要的资源作为控制因素。

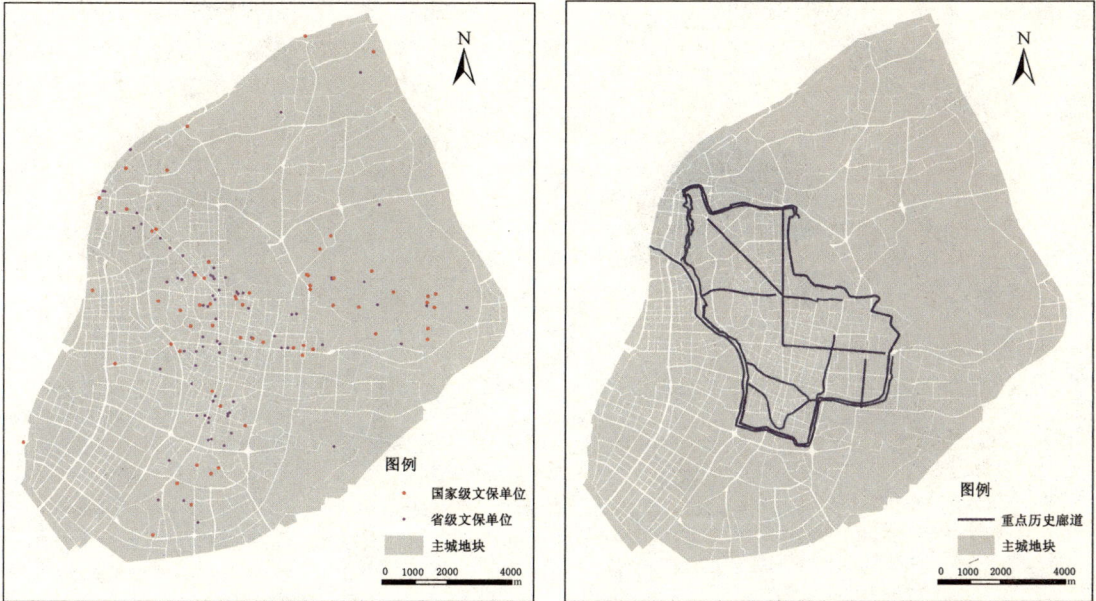

（a）重要文保单位分布

（b）重要历史廊道分布

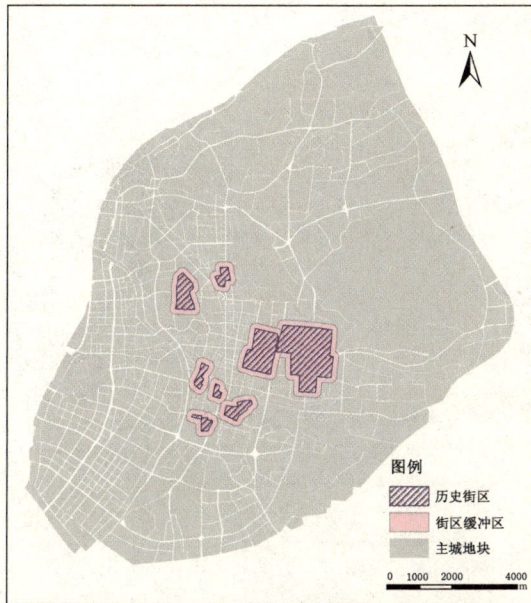

（c）历史街区及其缓冲区分布

图 5-17 影响主城空间高度控制的几项因素

在明确相关控制因素之后,建立一个历史文化名城高度控制评价体系。可从南京名城空间数据库中选取主城空间单元要素作为评价单元,从资源点要素中选取国家级、省级文保单位,从历史廊道中选取严格控制类历史廊道,再加上划定的历史街区要素,四种要素共同组成评价体系的参评因子(如图 5-18、5-19)。

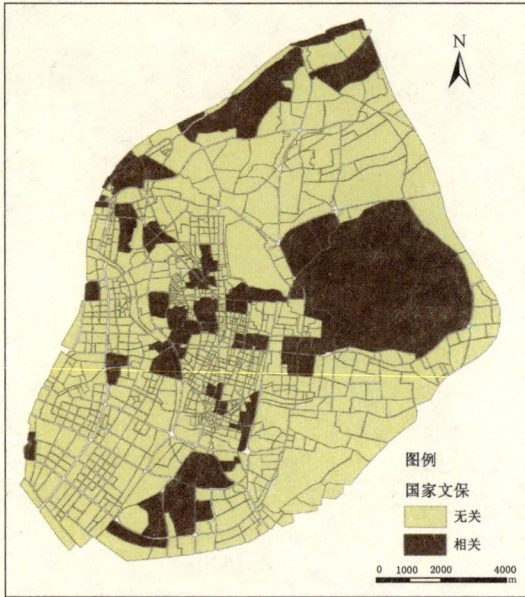

（a）国家级文保单位因子

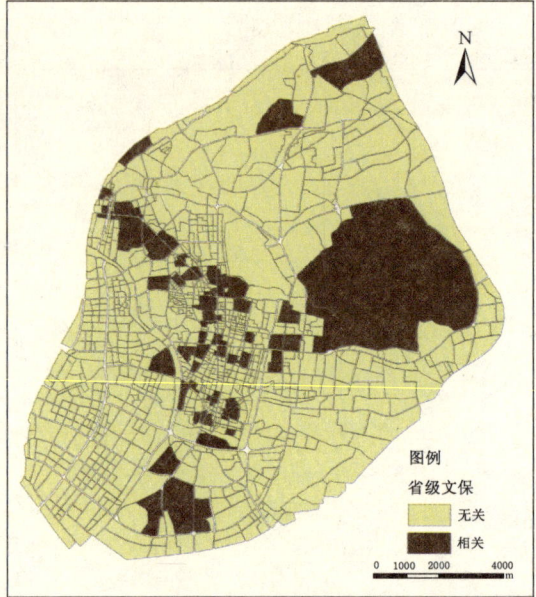

（b）省级文保单位因子

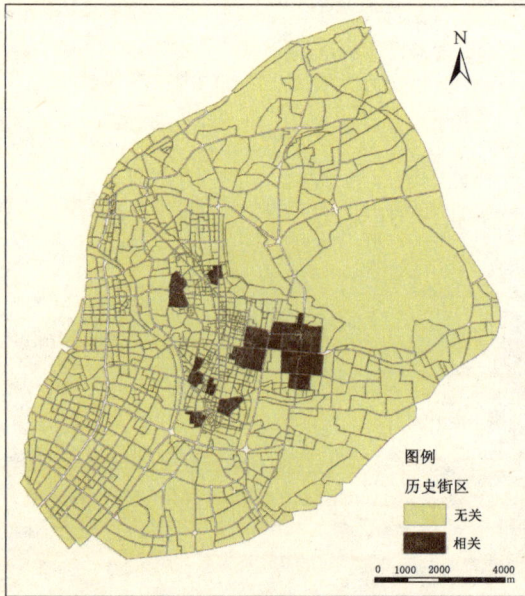

（c）历史街区因子

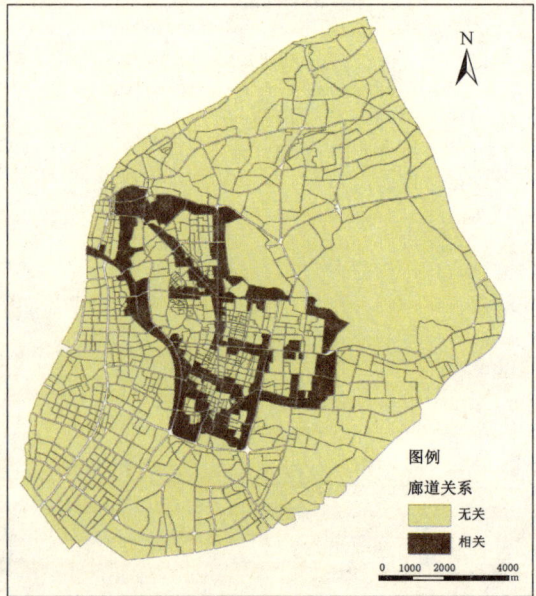

（d）重要历史廊道因子

图 5-18　各项单因子分布图

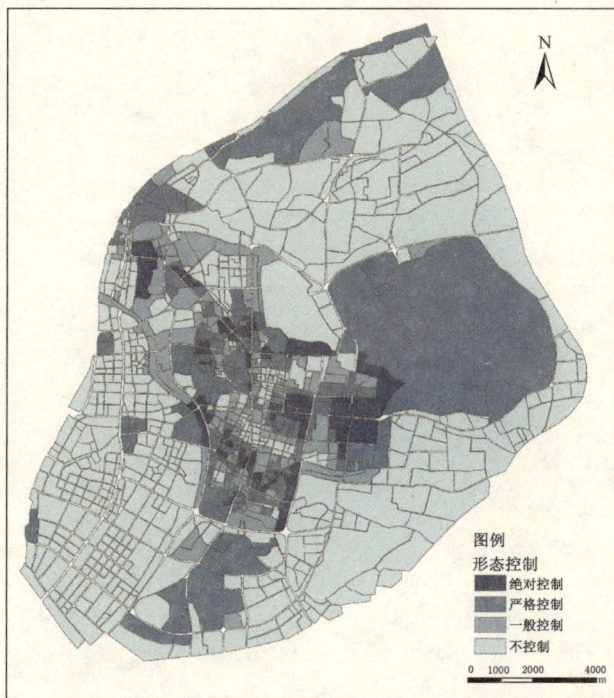

图 5-19　主城高度控制多因子综合评价分析图

由于建立的评价体系只有单层因子构成,可参考专家意见,人为设定权重因子,进行计算分析,计算公式如下:

$$高度控制 = [国家文保] \times 0.3 + [省级文保] \times 0.1 + [廊道关系] \times 0.2 +$$
$$[历史街区] \times 0.3 + [街区缓冲] \times 0.1$$

所得结果反映了历史资源要素综合对城市空间高度的约束程度,得分越高的地块,约束力越大,得分越低的地块则控制力越弱,分析计算结果,综合给出城市高度控制建议。

5.4.4　控制建议

综合分析空间高度控制的多因子评价结果,重要的控制范围在老城之内。对老城内地块单元的高度控制字段按控制程度分色显示:颜色越浅表示受约束程度越大,控制高度越低;颜色越深说明受约束程度越小,可建高度越高(如图 5-20 所示)。

高度
控制强度

强
↓
弱

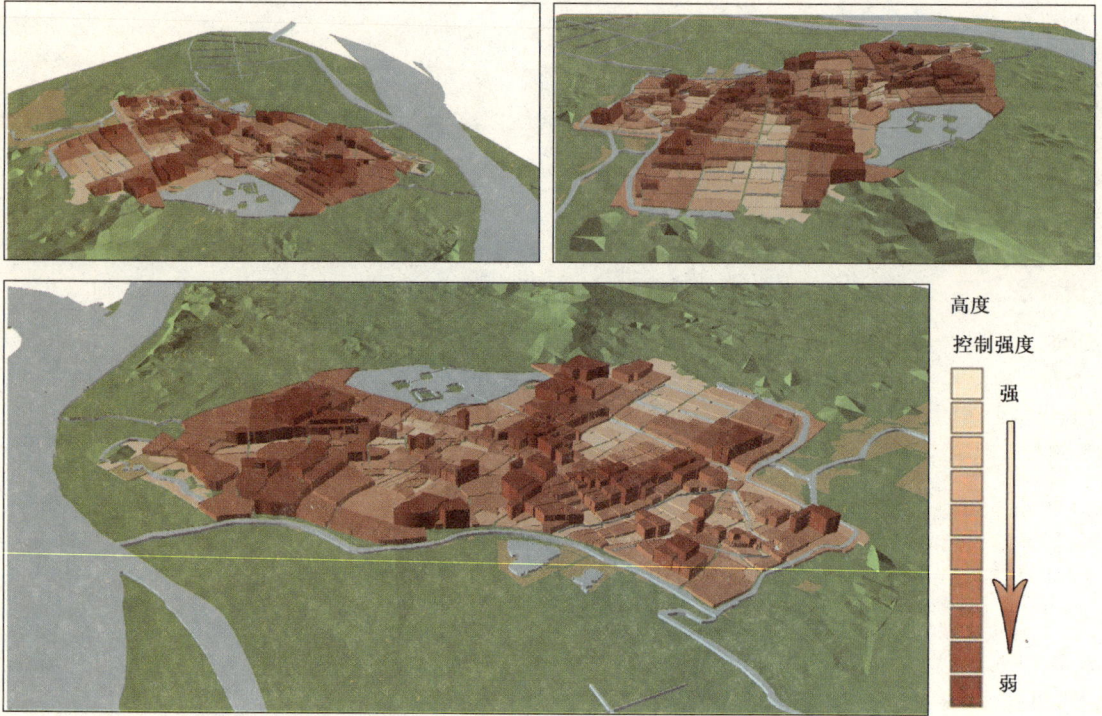

图 5-20　老城建筑高度控制力度空间分布模型图 1——总体鸟瞰

　　基于以上计算分析,本文认为需要对老城的三片重要历史资源密集区,进行高度严格控制,分别是:城南民居和秦淮沿岸控制区、东部明故宫控制区、中部民国风貌控制区,如图 5-21 所示。

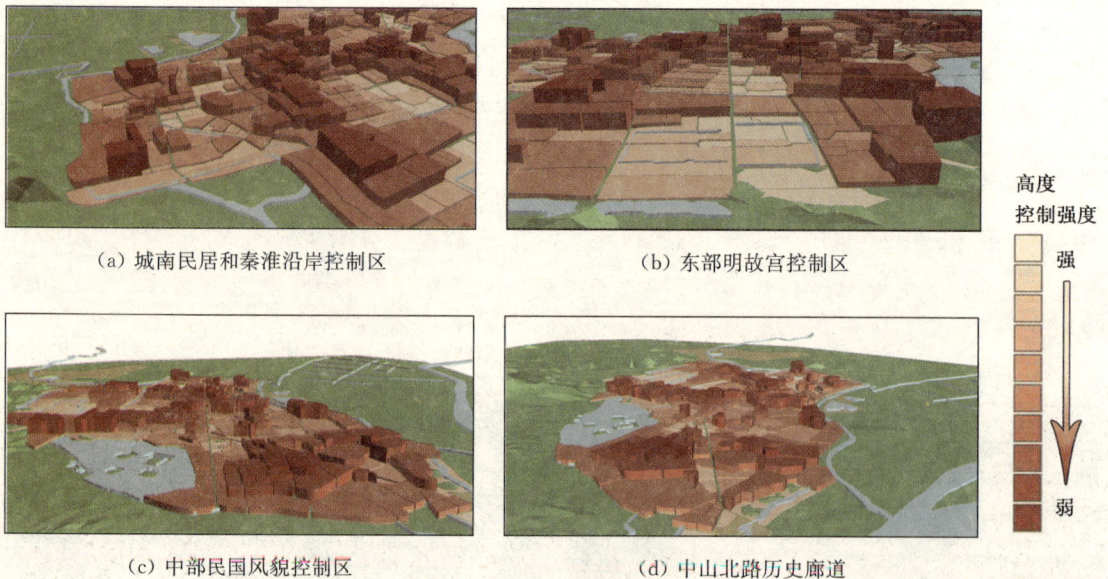

（a）城南民居和秦淮沿岸控制区

（b）东部明故宫控制区

（c）中部民国风貌控制区

（d）中山北路历史廊道

高度
控制强度

强
↓
弱

图 5-21　老城建筑高度控制力度空间分布模型图 2——重点区域

5.5 生成历史文化资源现状和规划表格

保护规划的前期资料收集过程中,会获得每一个历史资源的现状信息,这些现状信息包括文字和图像数据;同样,在规划成果完成后,规划方案会对每个历史资源有综合评价、采用的保护与整治方式以及具体措施(见表 5-1、5-2)。将以上这些信息分类汇总在表格上,使保护管理部门对每个历史遗产现状和规划信息一目了然,同时,也使保护规划具有很强的操作性,便于管理部门对规划的实施。

表 5-1 历史资源资料提取表格示例 1

资源名称	鸡鸣寺		地 址	鸡鸣寺路 3 号		
资源编号	HRP320102007		类别大类	古建筑	文物级别	市级
初始朝代	明朝		空间位置	地上	行政辖区	玄武
评价得分	自身价值:3.80	保护状况:3.70	环境条件价值:2.98			
	保护力度:3.61	紧迫度:1.03	开发适宜度:0.78			
情况说明	南京鸡鸣寺,又称古鸡鸣寺,位于鸡笼山东麓山阜上,是南京最古老的梵刹之一。鸡鸣寺始建于西晋,清朝康熙年间曾对鸡鸣寺进行过两次大修,并改建了山门。康熙皇帝南巡时,曾登临寺院,并为这座古刹题书了"古鸡鸣寺"大字匾额。七层八面的药师佛塔,为1990年重新建造,是鸡鸣寺历史上的第五座大佛塔,塔高约 44 米					
保护建议	该资源点属于严格控制类,对严格保护的历史资源点不能改变其原本的特征,必须在布局和外观上保持现有的原来面貌或按照其原来应该有的特点进行修复;对其中的文保单位,则应该对其进行维护或原样、相同材料修复,修旧如旧,新旧有别					
现状照片				区位图		

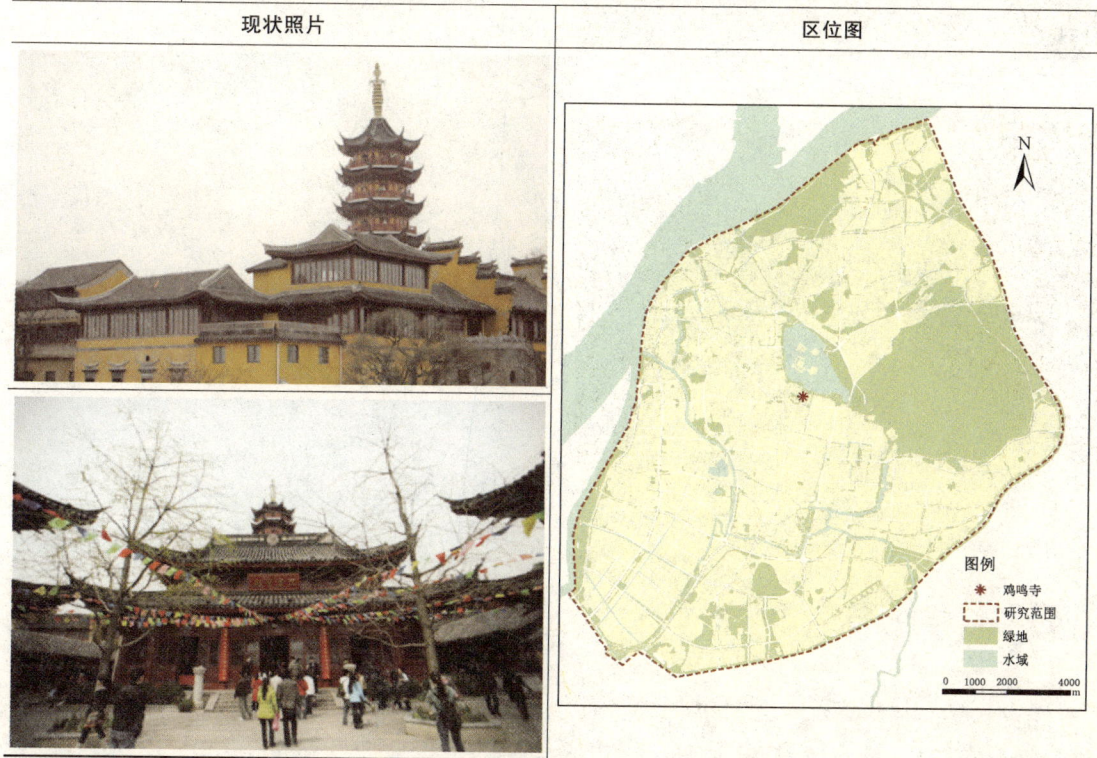

图例
* 鸡鸣寺
研究范围
绿地
水域

表 5-2　历史资源资料提取表格示例 2

资源名称	太平北路	地　　址	自北京东路始到中山东路止		
资源编号	HRL320102002	廊道类型	与历史上都城格局相关的道路		
初始朝代	明朝	全　　长	1.5 km	行政辖区	玄武区
评价得分	自身价值:3.71		保存状况:2.82	保护力度:3.72	
情况说明	太平北路位于南京市城区中心东北侧,路边绿树掩映,环境优美。早在民国时期编制的《首都计划》中即被定为城市干道,拥有深厚的历史文化背景和文化底蕴。太平北路北段是现代风格,在北段的每一个路口都有高档写字楼,如:太平商务大厦、长城大厦、成贤大厦等。南段则是以南京 1912 街区为主体的民国风格。这两种风格,在明御河的两岸矗立,给人一种对比的美丽。北岸是都市的繁华和繁忙,南岸则是民国风味的休闲街区				
保护建议	该历史资源属于严格保护类,对于严格保护的历史廊道原则上不得使其灭失,同时为之制定相应的法规,划定保护范围,明确保护措施;设置统一的标志牌,并明确标明其名称、文化艺术价值、历史背景等基本信息等等				
现状照片			区位图		

5.6　本章小结

　　本章以南京历史文化名城空间信息数据库为平台,结合保护规划编制过程中的部分要求,介绍了 GIS 技术在名城保护规划中对绘图的辅助作用和对决策的支持作用。运用软件和数据库制图虽然快速便捷，但是是以严格的数据录入和计算分析为基础的，大量的工作量集中于数据库的建库和数据的更新中。另外，由于历史文化名城保护规划涉及的社会、历史、文化领域知识繁多，不可能在入库时做到面面俱到，因此，GIS 制图分析的结果离不开后期人为主观校正，尤其是各方面专家学者的意见，更是值得重视和参考。GIS 仅是信息和数据处理的工具，它能够精准快速的计算结果，但不能代替人的智慧、知识在保护规划中发挥的主要作用；它应起到帮助工作者辅助决策的作用，而不是代替决策。

6 GIS 在历史街区中的应用

　　保护历史文化名城并不是要保护城市的全部,而是保护反映城市风貌的历史文化街区和历史格局等。历史文化街区是城市传统历史文化的载体,是历史文化名城重要的组成部分。历史文化名城保护规划和历史文化街区保护规划是历史文化名城保护工作的重要环节,是保护实施的依据,有效地指导城市历史文化保护和城市建设的协调发展,充分体现城市的历史文化价值,使历史文化的保护和城市经济协调发展。

　　历史文化遗产保护比较完整的保护规划体系是由历史文化名城保护规划、历史文化街区保护规划、历史文化街区保护整治规划及文物保护单位保护规划三个层次构成,与城市总体规划的三个阶段相对应,其中历史文化名城保护规划属于总体规划层面,历史街区保护规划属于控制性详细规划。而进行历史文化名城保护规划和历史街区保护规划编制,首先就必须对现状进行详细的调查和评估,使得历史文化名城保护规划和历史街区保护规划在细致的现状调查和历史文化资源价值评定的基础上进行规划编制。历史文化名城保护规划的现状调查中,要调查规划区内有多少处文物古迹、历史建筑、古树名木和古井点及其分布地理位置;对名城历史格局的分析,需要精确转绘历史地图,调查各种社会经济数据和行政边界等定位数据以及整理已有规划数据等。历史街区的保护规划需要在细致的现状调查基础上进行,对街区建筑、构筑物、土地利用、街巷格局和肌理、管线管网、绿化以及街区居民住宅的产权权属、家庭结构、年龄构成等社会和经济等现状进行全面调查,通过文字记录、照片、录像和图纸等形式记录下历史街区和建筑的详细资料。在详细的现状调查过程中获得大量的文字、图形和图像等资料和信息都具有定位特性,属于空间信息的范畴,需要空间信息技术对调查的数据进行有效管理和充分利用,并以此作为保护规划编制的依据。传统方法使用 CAD 技术,难以对大量的空间数据进行管理,特别是与空间信息相关的属性资料,更难以对现状调查数据进行综合的评价和分析,为保护规划提供规划决策依据。因而,如何整理和有效的利用详细现状调查所获取的各种资料,是影响保护规划编制成果的重要因素。同时,在保护规划编制过程中,需要编制大量的现状分析图,进行各种分析下的数据汇总和分析,传统的方法不仅效率低下,而且工作量大,容易出错。应用 GIS 技术对所调查的数据存储和管理,并进行各种数据的统计和分析,以此作为历史街区保护规划编制的依据。

　　同时,历史街区保护规划实施效果的好坏有赖于规划成果的质量,但更取决于管理部门在保护规划实施过程中的控制和管理。由于历史街区保护是一项长期的、动态的过程,需要全过程的动态管控和调整,这就要求管理部门能及时掌握各种能反映现状的动态资料,并将此作为管理部门保护和管控的依据。因此,针对传统方法难以满足形势发展的需要,探索用新技术、新手段来解决历史街区现状调查、保护规划编制与管理中遇到的问题成了当务之急,而计算机技术和信息技术的发展,特别地理信息系统(GIS)技术的应用,给这些问题的解决带来了新的契机。

本章以研究的多个历史街区实例为基础，在所建立历史街区空间数据库的基础上，建构基于 GIS 的历史街区现状调研和规划编制的技术支撑体系。

6.1 基于 GIS 历史街区保护规划的现状调查

历史街区的保护规划需要在细致的现状调查基础上进行，对街区建筑、土地利用、街巷格局、人口信息、社会经济等现状进行全面调查[78]。在进行调查过程中获得大量的文字、图形和图像等资料，这些资料具有定位特性，属于空间信息的范畴，应用 GIS 技术对所调查的数据存储和管理，并以此作为历史街区保护规划编制的依据[79][80][81]。

6.1.1 历史街区道路街巷调查

对历史街区道路街巷进行细致的调查和分析，建立街区道路街巷的数据库（包括道路街巷的图形数据和属性数据），在此基础上，依据道路数据库的属性资料，进行道路街巷系统专题分析图的绘制（如图 6-1）。

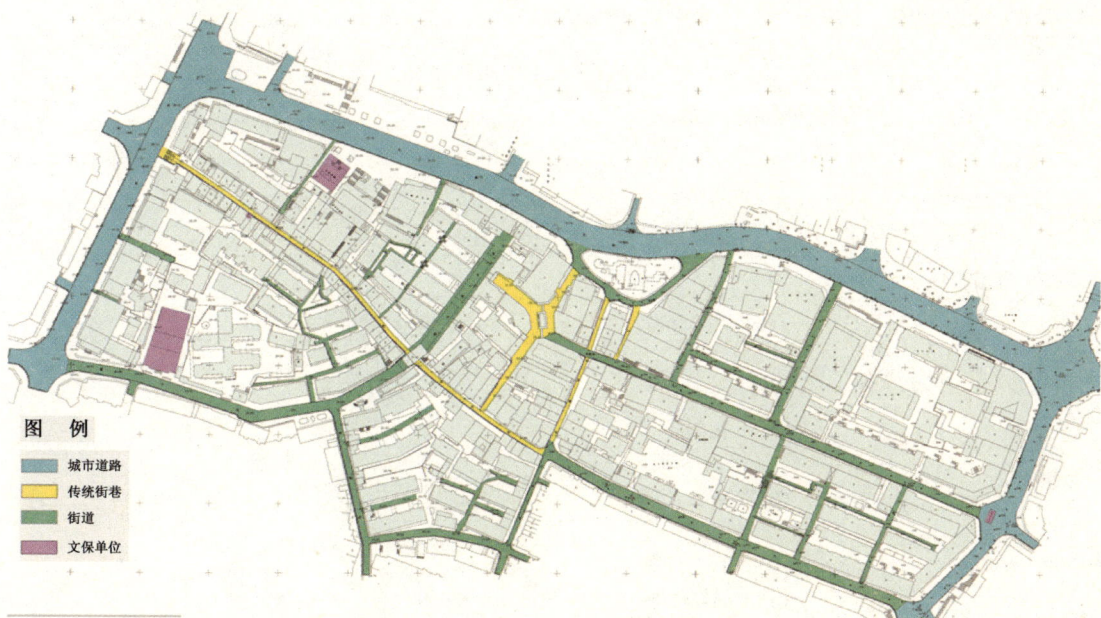

图 6-1 倒扒狮历史街区道路类型图

6.1.2 历史街区现状建筑调查

历史街区现状调查过程中，工作量和数据量最大的是现状建筑的调查工作。建筑调查包括建筑年代、层数、布局形式、建筑结构、建筑风格、建筑质量、建筑风貌等建筑基本属性，以及房屋产权、使用功能等社会属性（见表 6-1）。同时，为了对建筑提出正确的保护与整治方法，需要对现状建筑进行综合的价值评定，调查与建筑价值评价相关多个因子的数据（见表 6-2）。

表 6-1　现状建筑调查工作表

建筑编号			门牌号		人口	
房屋产权	1 公房　2 私房　3 公私兼有			建筑名称		
使用功能	1 居住　2 商住　3 商业　4 办公　5 仓库　6 文化教育　7 医疗卫生　8 工业　9 文物古迹 10 市政设施					
经营内容	1 文房四宝　2 工艺品　3 土特产　4 百货　5 服装　6 照相　7 钟表　8 展览　9 餐饮 10 小吃　11 食品　12 茶庄　13 刻字　14 理发店　15 五金　16 博物馆　17 网吧					

建筑层数	建筑年代	建筑结构	屋顶形式	建筑质量	建筑风貌	建筑风格
层	1 明代	1 砖木结构	1 坡屋顶	1 一类质量	1 一类风貌	1 传统民居
安全隐患	2 清代	2 砖结构	2 部分坡顶	2 二类质量	2 二类风貌	2 现代形式
	3 民国	3 砖混结构	3 平屋顶	3 三类质量	3 三类风貌	3 民国混合式
1 有	4 1950—1980 年代	4 框架结构		4 四类质量	4 四类风貌	4 搭建
2 无	5 1980 年代后	5 砖石结构				

建筑类型：1 院落　2 杂院　3 单元楼　4 新民居　5 平房　6 连排店铺　7 多层建筑　8 搭建　9 小高层
　　　　　10 公共建筑　11 其他

上下水：1 有上下水　2 无上下水　3 有上水无下水	厨卫设施：1 有独立厨卫　2 无独立厨卫
电力电讯线路：1 裸露　2 暗设　3 无	3 有厨无卫

建筑保护等级	1 国家级　2 省级　3 市、县级　4 保护建筑　5 历史建筑　6 一般建筑
建筑价值评定	1 有较高价值　2 有一定价值　3 价值一般　4 没有价值
保护与整治方式	1 修缮　2 维修　3 改善　4 保留　5 整修　6 改造　7 拆除
综合评价	
规划措施	

表 6-2　建筑价值评估表

建筑编号			
	建筑年代久远程度	与当地历史人物和事件相关联	
建筑的历史文物价值	1 清 2 民国 3 现代	1 重大 2 一般 3 无	
	建筑对形成外部空间环境 和景观效果的影响	建筑的地方特色明显程度	建筑完好程度
建筑的完整性和独特性	1 好 2 较好 3 一般	1 好 2 较好 3 无	1 好 2 较好 3 差

对现状建筑依据现状建筑调查表进行调查，对每幢建筑物进行拍照。为实现调查的现状建筑图形数据（是指现状建筑的平面位置）与其属性（是指现状建筑调查表数据）、图像数据（是指在现状建筑调查过程中对建筑所拍摄的照片文件）的关联，即点击现状建筑的平面，可以快速查到调查的属性数据和所拍摄照片，需要对调查的现状建筑进行编号。在测绘 CAD 地形底图上，以道路为边界，划分调查的地块，并对地块编号。对地块的编号不仅是现状建筑调查过程中建筑编号的基础，而且还是控规地块编号的依据。在地块编号基础上，在实地调查中对调查建筑对象进行编号，同时，使用现状建筑调查表进行属性数据填写。编号按一

定的原则,从上到下、从左到右的方式,一般确定为 4 位,如 A010,其中第一位 A 是地块编号,2~4 位 010 是建筑编号,对建筑的编号要求不能有重复。建筑编号除了进行建筑的识别,以及实现建筑的图形资料与输入的属性数据关联外,应用建筑编号建立图像文件目录(如图 6-2),可用来存放现状调查过程中所获取的图形、图像数据。根据现场调查成果,在 CAD 地形图新建层上绘出现状建筑的边界线并写上建筑编号,转入 GIS 系统中,形成现状建筑数据层,在其相应的属性表中自动生成建筑编号字段及其属性值,该字段存放每一个建筑的编号,完成现状建筑图形数据的输入,即现状建筑的 CAD 平面图转成 GIS 数据库中的现状建筑数据层。由于建筑编号要求是唯一,不能重复,需要在 GIS 系统中应用程序来检查是否存在重复的建筑编号。每一幢建筑所拍摄的照片,以建筑编号为目录名,将所拍照片放到相应目录下,可能有的目录不存在或目录下没有照片,用编写的程序来检查,保证所拍摄照片放到相应的目录下,用于查询和生成表格内容。

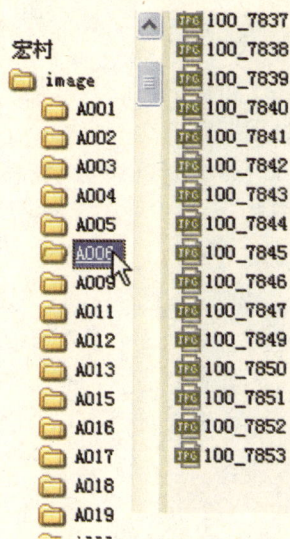

图 6-2　现状建筑编号目录及其图像文件

　　GIS 数据库中现状建筑调查表的数据输入工作,一般在 Excel 表中进行,通过 Excel 表中的建筑编号栏和现状建筑数据层中的建筑编号字段相连接(两者数据完全相同),实现建筑的图形数据与属性数据关联;建筑的图像数据关联,是通过程序查询到建筑的编号,获得建筑图像数据所存放的具体位置,调用 ACDSee 来显示所查询建筑拍摄的图像,实现建筑与图像数据关联(如图 6-3)。

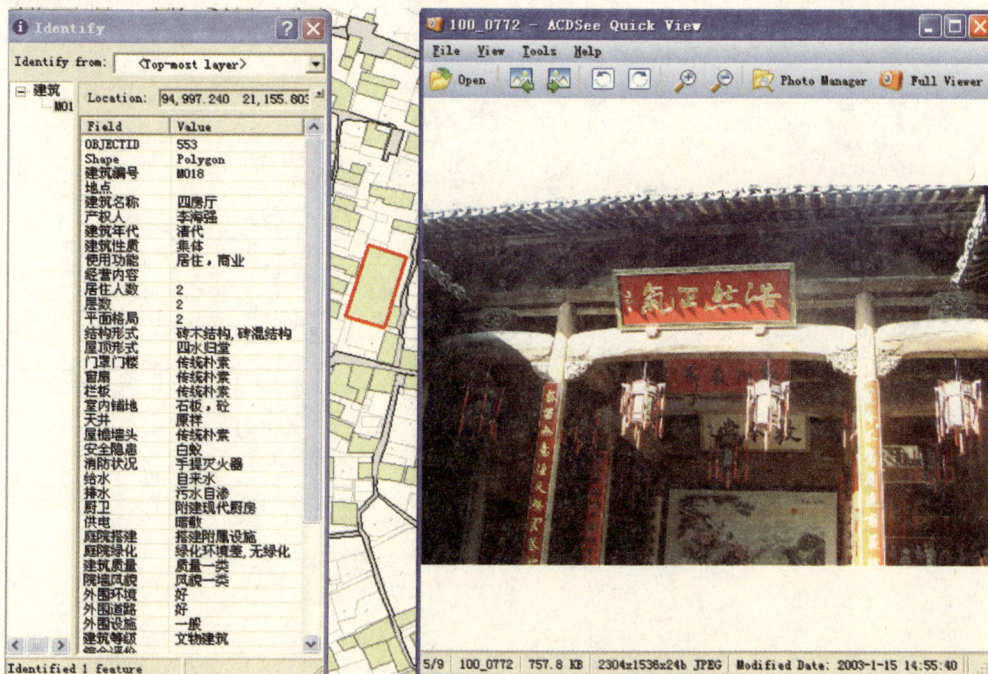

图 6-3　建筑与属性及图像数据的关联实现

6.1.3 人口信息的调查

历史街区的人口信息除了解一些总的信息,如人口的数量、年龄结构、性别结构情况外,更需要知道每一个院落和独立建筑单体的具体人口分布信息。因为在历史街区的保护规划中,保护与整治方式最终是具体落实到每一个院落和独立建筑单体,每种保护与整治方式下,影响的人口数,以及为了提高历史街区的居住生活质量,需要迁出部分的居民,均需要实现院落和独立建筑单体与人口信息的关联。为了保证人口信息的权威性,有关人口资料应从当地公安机关获取,但从当地公安机关获取人口资料的范围通常大于所研究的历史街区范围,因此,需要通过历史街区的每个院落和独立建筑单体的门牌号提取出所研究的历史街区人口信息,这一过程通过编译好的程序自动完成来实现。提取的历史街区人口信息资料以一个单独的数据库文件存放,实现历史街区人口信息不同情况下的汇总,如人口结构、年龄结构、性别结构、受教育程度以及职业的统计等,为历史街区的保护提供社会方面的信息,同时,通过每个院落和独立建筑单体的门牌号来查询相关的人口信息,实现人口信息与建筑的关联(如图 6-4)。

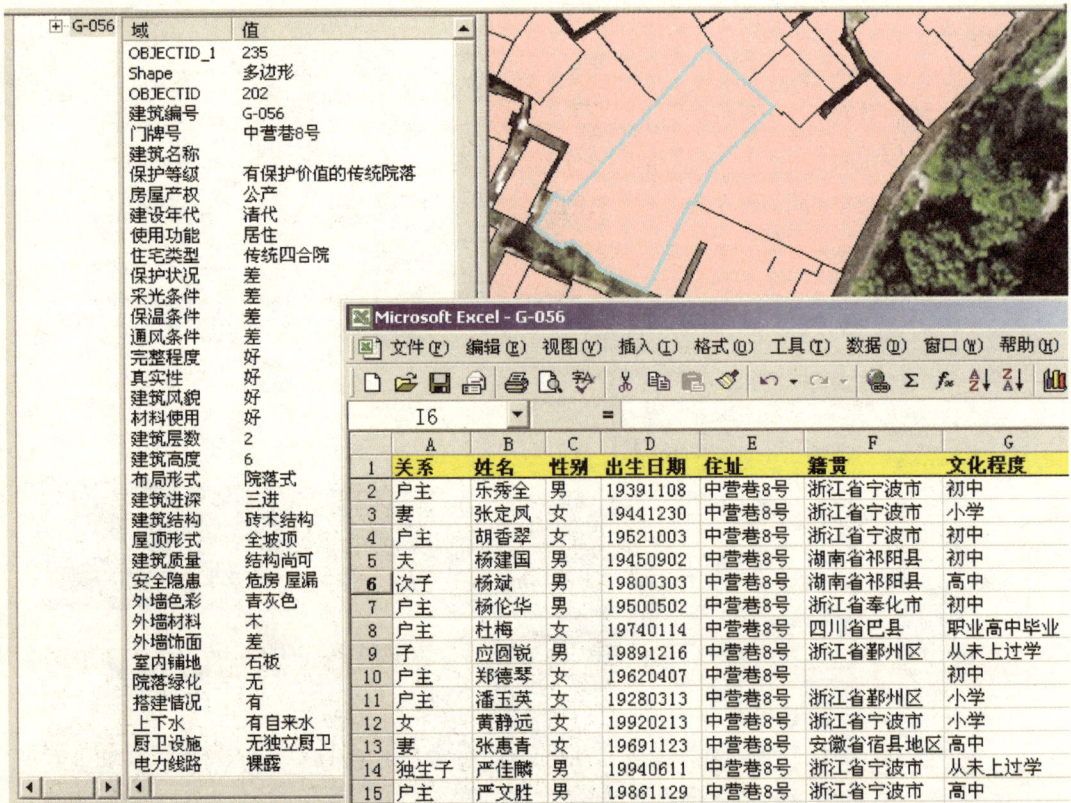

图 6-4 人口信息与建筑的关联实现

6.1.4 与历史风貌相关的构筑物调查

与历史风貌相关的构筑物,如古井、桥、古树等,调查时按点状地物来对待,在调查图上绘出这些构筑物的位置,并进行编号和拍照,相关的属性数据调查按与历史风貌相关的构筑物调查表内容填写。通过编号实现图形数据与属性数据的关联,构成完整的空间数据库。同时利用编号建立目录,用来存储调查过程中获取的与历史风貌相关的构筑物的拍摄图像数据,实现图形数据与属性数据、图像数据的关联。

6.1.5　土地利用调查

依据《城市用地分类与规划建设用地标准》对街区内各类用地进行划分,土地使用状况划分至小类,明确用地界线。应用 GIS 空间叠置分析,将土地利用现状图层与院落和建筑层相叠置,获得每一个院落和建筑所在地块的土地利用性质。

6.2　GIS 在历史街区保护规划编制中的应用

地理信息系统(GIS)具有查询和空间分析功能,不仅能完成历史街区现状调查资料的输入、存储、管理、查询和利用现状数据库绘制历史街区保护规划编制所需要的现状分析图,而且能够应用多因子分析方法对历史街区的建筑进行价值综合评价,为正确的保护和整治方式提供依据。

6.2.1　绘制历史街区保护规划的现状专题分析图

在历史街区保护规划编制过程中,需要绘制大量的现状分析图,传统方法是根据现状调查内容,在 CAD 中绘制,工作量比较大,而应用 GIS 数据库的属性数据可方便快捷进行专题图生成,除单个属性专题图外,还可生成多个属性的分析图。在 2005 年版历史文化名城保护规划规范中要求历史文化街区内所有的建(构)筑物和历史环境要素应按表 6-3 的规定选定相应的保护和整治方式,即建筑分类应与保护整治方式相对应。在 GIS 数据库的现状建筑数据层中选择建筑分类和保护与整治方式两个字段作多属性专题分析图(如图 6-5),即可校验建筑分类与保护整治方式是否满足保护规范的要求[11]。

表 6-3　历史文化街区建(构)筑物保护与整治方式

分　类	文物保护单位	保护建筑	历史建筑	一般建(构)筑物	
				与历史风貌无冲突的建(构)筑物	与历史风貌有冲突的建(构)筑物
保护与整治方式	修缮	修缮	维修改善	保留	整修改造拆除

6.2.2　在历史街区建筑保护与整治方式中的应用

历史街区建筑的保护与整治要在对现状建筑充分调查研究的基础上,从街区风貌总体保护、街区物质环境改善及社会经济发展、保护规划的可操作性等多方面,对现状建筑的保护价值进行综合的判定,在此基础上提出适宜每一幢建筑的保护与整治方式。因此,根据历史街区建筑保护价值综合评价的影响因素(见表 6-2),建立现状建筑保护价值的综合评价指标,在所建立指标的基础上,对历史街区建筑进行实地的调查,将所有指标数据输入数据

现状建筑
建筑分类，保护与整治方式
- 文物保护单位，修缮
- 保护建筑，修缮
- 历史建筑，维修改善
- 一般建筑，整修改造
- 一般建筑，保留
- 一般建筑，拆除

图 6-5　建筑分类和保护与整治方式专题分析图

库中，进行各指标的专题制图，进行专题分析；采用德尔菲法和层次分析法相结合的方法，确定各指标权重，在专题分析基础上实现多因子的综合评定（如图 6-6），以此来确定历史街区建筑保护和整治的方式，改变以往历史街区保护价值评价的人为性和不确定性。同时，采用多源数据，进行综合评价，可提高价值评定的科学性和准确性。

现状建筑
建筑价值评价
- 文保单位
- 较高价值建筑
- 一般价值建筑
- 价值较少建筑

图 6-6　历史街区的建筑价值评定分析图

6.2.3 辅助划定历史街区保护等级范围边界

利用现状数据库绘制历史街区现状专题分析图和综合评价分析图,这些分析图能反映出相关的多学科资料,评价不同保护规划方案保护等级范围边界效果,应用 GIS 的空间叠置分析功能,获得不同方案下各种分析资料,依据这些分析的数据做出评价,提出能够保护历史街区文化资源正确的保护等级边界。

6.2.4 历史街区保护规划中各种数据的分析和汇总

在历史街区保护规划中,需要进行一些专题数据的统计分析工作,如各种保护与整治方式下建筑的用地面积和建筑面积,这些数据在 CAD 中统计比较复杂,同时计算不准确。在 CAD 中绘制出建筑边界和标注上建筑的层数,转入 GIS 数据库中,生成建筑数据层,建立多边形的拓扑关系,自动生成每幢建筑的用地面积,同时建筑层数转入建筑数据层的属性数据库中。在 GIS 属性数据库中,将每幢建筑的用地面积乘以建筑层数,获得每幢建筑的建筑面积。在 ArcGIS9. X 平台上,使用 Summary Statistics 命令,对 GIS 数据库进行汇总查询方式(图6-7),可获得在不同保护与整治方式下建筑的用地面积和建筑面积总和(表6-4)。

图 6-7 建筑的用地面积和建筑面积汇总查询

表 6-4 不同保护与整治方式下建筑的用地面积和建筑面积总和

保护与整治	数量	总用地面积(m^2)	总建筑面积(m^2)
保留	5	810.95	2 081.62
修缮	4	1 432.49	3 081.31
拆除	74	13 585.00	32 765.77
整修改造	152	63 572.91	259 599.80
维修改善	60	7 077.04	11 950.44

历史文化名城保护规划规范要求对历史文化街区内需要保护的建(构)筑物应根据各自的保护价值按表6-5规定进行分类,并逐项进行调查统计[11]。

表 6-5 历史文化街区保护建(构)筑物一览表

状况 / 类别	序号	名称或地址	建造时代	结构材料	建筑层数	使用功能	建筑面积(m^2)	用地面积(m^2)	备注
文物保护单位	▲	▲	▲	▲	▲	▲	▲	▲	△
保护建筑	▲	▲	▲	▲	▲	▲	▲	▲	△
历史建筑	▲	▲	△	▲	▲	▲	△	△	△

注:1 ▲为必填项目,△为选填项目。

在 GIS 数据库中选择现状建筑数据层,在 ArcGIS9. X 平台上使用 Make Feature Layer 命令对建筑分类字段,建立一个 SQL 查询表达式,将建筑分类为文物保护单位、保护建筑和历史建筑的建筑生成一个新数据层(图 6-8)。应用 Export Data to MS Excel 的命令,在新生成数据层的属性表字段中选择"建筑编号""门牌号""建筑年代""使用功能""建筑层数""建筑结构""建筑保护等级""用地面积"和"建筑面积"字段输出到 Excel 表格中(图 6-9),生成历史街区保护建筑物一览表(表 6-6)。

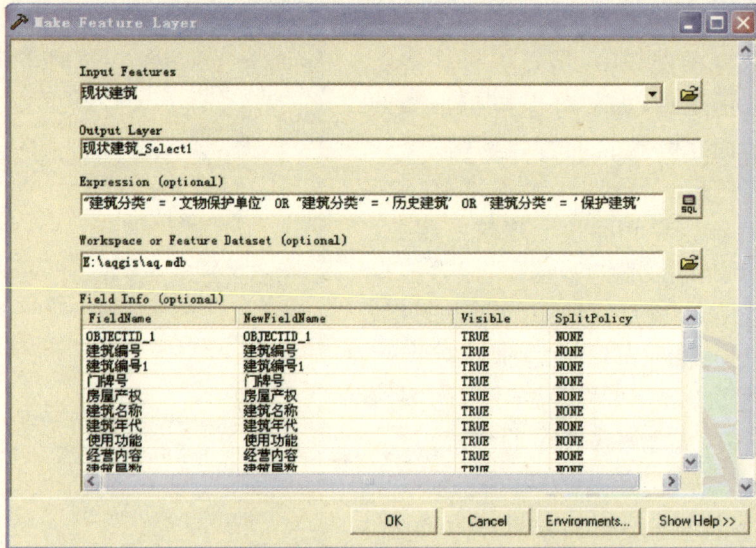

图 6-8　SQL 查询,生成新数据层

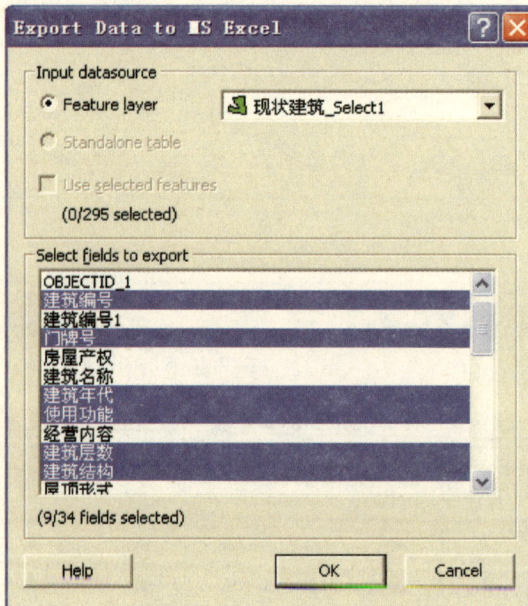

图 6-9　输出到 Excel 表格

表 6-6　历史街区保护建筑物一览表(部分)

建筑编号	门牌号	建筑年代	使用功能	建筑层数	建筑结构	建筑保护等级	用地面积(m²)	建筑面积(m²)
A004	倒扒狮 72 号	民国	商住	2	砖混结构	历史建筑	67.02	134.04
B002	倒扒狮 85 号	清代	商住	2	砖木结构	历史建筑	50.10	100.21
B003	倒扒狮 83 号	清代	商住	2	砖木结构	历史建筑	92.56	185.12
A009	倒扒狮 76 号	清代	商住	2	砖木结构	历史建筑	50.89	101.78
D003	墨子巷 64 号	民国	办公	3	砖石结构	文保单位	1 011.56	3 034.69

6.2.5　在公共基础设施规划中的应用

历史街区保护规划中,需要规划一些基础设施,如停车场、消防栓、管网管线等,应用 GIS 对历史街区现状公共设施分布状况与容量进行综合评价,为历史街区的公共设施空间布局规划提供科学依据。如利用 GIS 中的空间分析功能,分析历史街区现状消防栓分布,根据现状每个消防栓的覆盖范围,规划新的消防栓位置(图 6-10、6-11)。

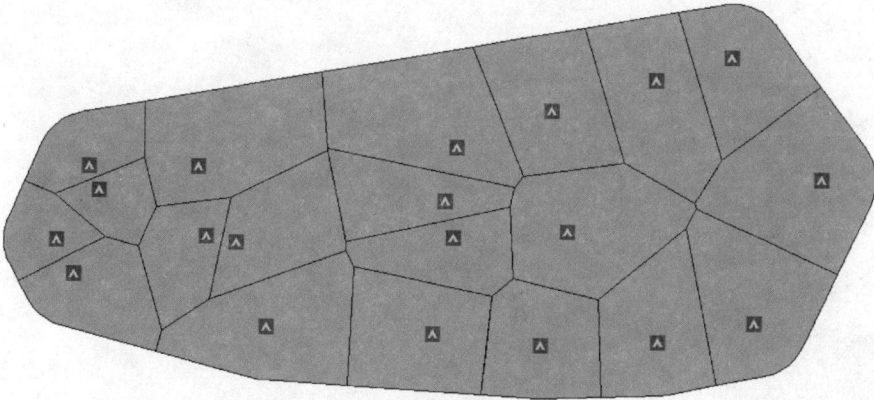

图 6-10　现状每个消防栓的覆盖范围

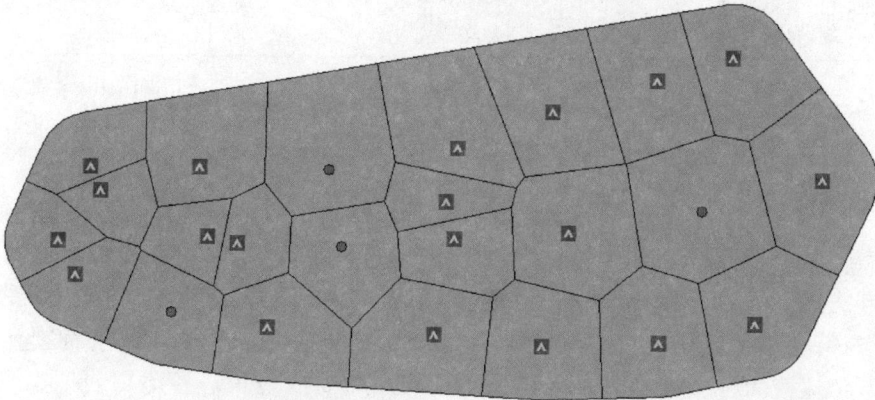

图 6-11　规划后每个消防栓的覆盖范围

6.2.6　填写历史街区中每一幢建筑的现状调查和规划措施信息表

在现状调查中,获得了每一幢建筑的现状信息,这些现状信息包括文字和图像数据,规划方案中对每一幢建筑的综合评价,采用的保护与整治方式以及具体规划措施,将这些信息汇总在一张表上,使保护管理部门对每一幢建筑现状和规划信息一目了然,同时,也使保护规划具有很强的操作性,便于管理部门对规划的实施。这部分的工作在整个保护规划编制过程中占较大的工作量,如用手工的方法对每幢建筑进行填写属性数据和插入图像,不仅效率低,而且容易出错。应用 GIS 数据库中的属性数据和所拍摄的照片,定制 Word 的表格模板,编写程序将 GIS 中现状建筑数据层所需的属性数据和建筑编号目录下的图像文件写入Word 的表格模板中,即可生成每幢建筑属性和图像数据(图 6-12)。

建筑编号	B024	门 牌 号	倒扒狮 17,13		
房屋产权		使用功能	商住	建筑层数	2 层
建筑年代	清代	建筑结构	砖木结构	屋顶形式	坡屋顶
建筑质量	三类质量	建筑风貌	一类风貌	建筑类型	连排店铺
保护等级	有保护价值建筑	整治方式	维修改善	用地面积	125.50 m²
综合评价	建筑立面保存较完整,有细部,店面招牌与风貌不符,内部通风采光差				
规划措施	对历史建筑和历史环境要素做不改变外观特征的保护性修复和完善内部布局及设施的建设活动。对建筑构件替换维修,立面,屋顶整治修复,整治周围环境,招牌改造				
现状照片 1		现状照片 2		建筑分布示意图	

图 6-12　历史街区每一幢建筑的现状和规划信息表

6.2.7　填写历史街区保护与整治规划图则

历史街区保护与整治规划图则主要是地块的控制性指标及对地块的整治导则内容,一般用手工方法在 CAD 环境中计算每一个控规地块的指标,工作量大,且容易出现图与指标数据的不符,特别是在规划过程中,经常需要对规划方案进行修改和调整,更需要能够快捷、方便地计算出这些指标值。在地块编号的基础上,对控规地块进行编号,编码为三位,如C01,C 是地块号,01 是控规地块号。控规地块的面积、现状建筑的用地面积和规划建筑的用地面积在 GIS 数据库中可以直接生成,存储到数据库相应数据层的字段属性中。每一幢现状建筑面积是将现状建筑用地面积与其层数相乘,规划建筑面积是将规划建筑用地面积与其规划层数相乘,分别保存在现状建筑数据层中的现状建筑面积字段和规划建筑数据层中的规划建筑面积字段中。在 GIS 数据库中,将控规地块层与现状建筑层进行 GIS 的空间叠置,统计每一个控规地块单元内现状建筑总用地面积、总建筑面积以及地块内最高建筑高度数值;将控规地块层与规划建筑层进行空间叠置,统计每一个控规地块单元内规划建筑总用地面积,总建筑面积以及地块内规划的建筑最高限高,统计的这些数据存入控规数据层中,将这些统计的数据与控规地块面积相除,可以得到每一个控规地块的现状容积率、现状地块密度、规划容积率和规划地块密度数值,再将其他的指标数据填写到控规地块的属性表中。地块位置图和控规地块详细图在 GIS 系统中,应用程序生成 JPG 图像文件输出。在 Word 中定制好保护与整治规划图则的表格模板,编写程序将数据库中控规地块的指标数据、整治导则以及相应的图写入 Word 表格模板中,自动生成每个控规地块单元的保护与整治图则(图 6-13)。

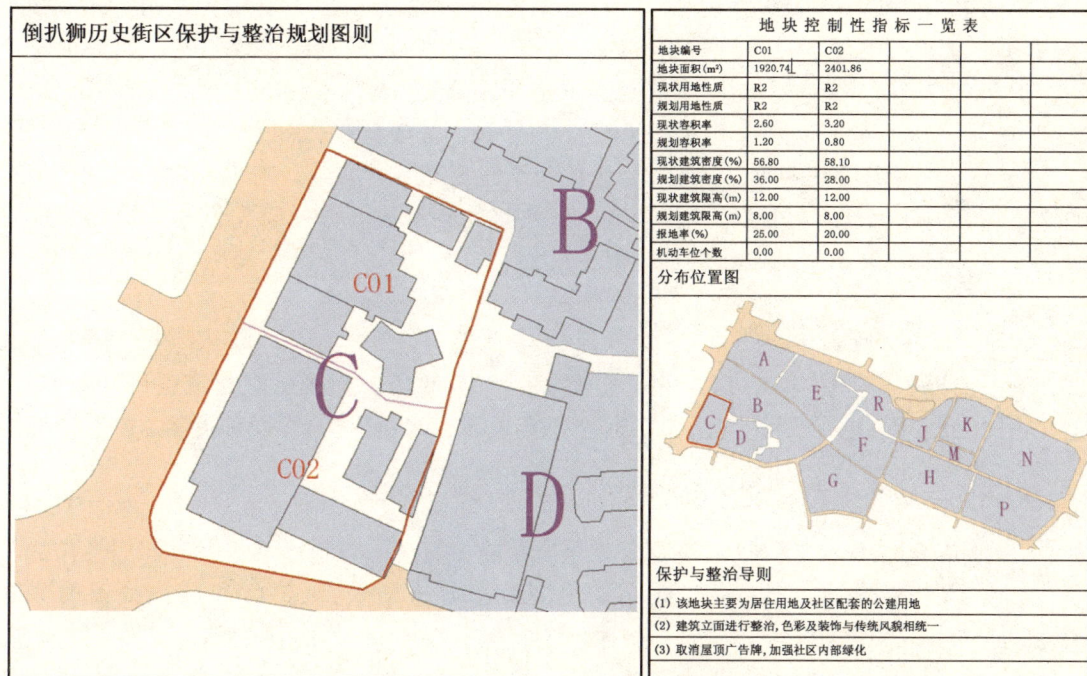

图 6-13　地块保护与整治规划图则

6.2.8　预算规划

GIS 有助于提高预算规划的准确性。通过比较土地费用,评价出具体项目的费用/效率比。如果居住在历史街区的居民被重新安置,可以计算出重新安置的费用。

6.3　GIS 在历史街区日常保护和管控中的应用

历史街区保护是一项长期的、动态的过程,需要全过程的动态控制和调整,这就要求管理部门及时掌握各种动态信息,并将此作为保护管理部门保护和管理的依据。GIS 应用于历史街区的管理,将为历史街区日常的保护和管理控制提供技术支撑平台,深化和完善历史街区的保护和管理工作,实现历史街区的动态、现时的管理和控制。

6.3.1　快速的信息查询

基于 GIS 的历史街区保护管理信息系统建立以后,可以为管理人员提供一种快速查询的可视化方法,点击所需要查询的建筑,显示建筑相关的属性数据,如建筑的面积、层高、建筑年代、建筑质量、建筑保护方式等信息,同时可以打开现状建筑状况照片的 JPG 文件、规划后的建筑设计 CAD 文件,以及对于每一建筑有关处理方法及其今后规划用途说明文本文件。在同一平台下,可快速获得现状和规划的图形、图像信息(图 6-1)。

6.3.2　修复和维护计划

对历史街区有价值建筑的维护、保护,由于政府经费有限,所以,必须评价历史街区中的建筑物,判别最需要保护和维修的建筑。查询 GIS 系统中的数据能够很容易地判别出建筑物保护和维修的优先级别。对每一个建筑物进行建筑的、历史的和功能价值的评价,给定 1~5 之间一个值,这些值的总和表示重要性的分数。每幢建筑物被划分成各个组成部分,如墙、屋顶、内部装饰、地基和上部建筑,评价每个组成部分的状况。为了评价一个建筑物总的重要性,建立一个多因子综合评价公式。从建筑物各组成部分的真实性和状况得出优先级别,使用这个优先级别制定保护和维修的计划。

6.3.3　监视建筑状况

为了监视历史街区建筑状况,在一定间隔时间内,对历史街区所有建筑进行调查,有了这些不同时期的信息,就可以对历史街区建筑实现动态的、现时的管理和控制。

6.3.4　与公众的信息交流

GIS 用作与公众交流保护策略及促进与所在历史街区内或附近其他政府部门合作的工具,以 WebGIS 的方式,对公众和政策制定者显示分析结果、保护区和保护政策的最新信息。

6.4　基于 GIS 的历史街区保护规划和管理信息系统

在历史街区的保护规划编制过程中,目前采用传统的方法和手段,缺乏对现状基础数据的快速准确分析。同时,历史街区保护规划实施效果的好坏有赖于规划成果的质量,更取决于规划管理部门在规划实施过程中的控制和管理。由于历史街区保护是一项长期的、动态的过程,需要全过程的动态控制和调整,这就要求规划设计和管理部门及时掌握各种能反映现状的动态资料,并将此作为管理部门保护和管理的依据。因此,建立基于 GIS 的历史街区保护规划和管理信息系统是支持历史街区保护规划编制和管理的重要技术支撑[20][21]。

6.4.1　系统的目标和用户需求

系统针对历史街区保护规划过程中的数据需求及管理需要,建立包括区域土地利用类型、房屋信息、道路、管网设施、人文、绿化,尤其是对历史建筑等类型要素的现状和规划空间信息数据库,各类型要素具有几何和属性及对应的图像特征。系统对各类型要素按要求进行分层、编码和组织。系统具有数据输入、编辑、描述、存贮、图形和属性的双向检索查询功能和相应的分析、统计功能,能定位检索历史建筑的属性信息及对应的图像,并能按某种属性对图形对象进行分类、制作专题图。系统应稳定地运行,具有一定的容错性,具有良好的界面,数据更新、维护、操作、分析方便,结果直观且便于输出。

1）系统的目标

GIS 作为一个空间数据综合管理平台,应为城市不同部门提供相关信息:

（1）空间形态、建筑形式分析评估（建设部门）:对历史街区发展控制、景观分析、公共空间分析与管理,建筑评价和管理。

（2）遗产价值评估分析（文化管理部门）:重要文物点的分布与特征,重要居民点的分布与特征（单体建筑平、立、剖、透视）,民居建筑群的分布与特征（群体建筑平、立、剖、透视）,传统街道的景观特征（高度、体量、形式、色彩）,街道与其两侧、山水关系。

（3）旅游资源评估（旅游部门）:有价值的参观点,如民居文化特点、传说（文化价值）、古遗址介绍（历史价值）。

2）用户功能要求

（1）能提供历史街区的自然环境背景数据及其文化遗产资源的数据收集、存档和检索;评价历史街区内的文化与自然资源价值;

（2）建筑状况信息的记录、分析、管理、检索和显示;

（3）能够根据房屋数据的各种特征,对其进行统计和分析;

（4）提供多种数据查询方式,并进行专题制图;

（5）连接多种方案的详细规划图件及其必要的说明;

（6）能够了解历史街区的三维空间关系;

（7）绘制、显示二维和三维的地形图;

（8）显示房屋及其相关的数据,特别是有关民居的现状照片,平、立、剖面及规划图件;

（9）辅助具体建设项目的计算和决策,如根据拆迁面积估算其费用,根据现状居住人口数,决定搬迁人口等;

（10）划定适宜的保护区边界。

6.4.2　系统设计

1）系统设计原则

根据 GIS 软件工程要求以及系统本身的特点,确定以下设计原则:

（1）易用性原则:基于微机的运行平台,用户界面表达形象化、直观化,同时尽可能简化操作步骤,并提供完备的联机帮助系统。

（2）数据的完备性:在详细的用户分析基础上确保数据的完备性,以保证数据库信息和系统功能模块能满足用户日常工作需要。

（3）模块化原则：采用软件工程开发中的结构化和原型化相结合的方法，根据用户的需求，自顶向下，对系统进行功能解析与模块划分。

（4）系统扩充性：为了保证满足用户需求不断变化，应在数据组织、系统功能、系统结构上保留足够的扩充余地，以便于系统今后的扩充。

2）系统功能设计

系统功能应满足历史街区规划、保护和管理工作中关于地理位置、建筑属性数据和图形图像数据的查询、检索、统计和分析，实现图形和数据的无缝连接，可进行联合查询，并具有与其他软件系统集成的功能。

根据历史街区规划、保护和管理功能的需求，历史街区保护规划和管理信息系统以属性数据库、空间数据库为基础，按照规划、保护和管理工作的流程，设计了系统的功能结构，包括：属性数据输入、空间数据输入、检索查询、规划成果、规划管理、数据输出和在线帮助等几个模块，各模块的有机结合构成了历史街区保护规划和管理信息系。系统的总体结构设计如图 6-14 所示。

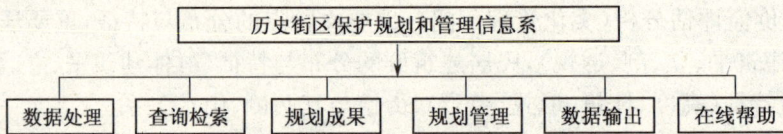

```
        ┌──────────────────────────────────┐
        │      历史街区保护规划和管理信息系         │
        └──────────────────────────────────┘
                         │
   ┌──────┬──────┬──────┼──────┬──────┬──────┐
┌──────┐┌──────┐┌──────┐┌──────┐┌──────┐┌──────┐
│数据处理││查询检索││规划成果││规划管理││数据输出││在线帮助│
└──────┘└──────┘└──────┘└──────┘└──────┘└──────┘
```

图 6-14　历史街区保护规划和管理信息系统总体结构设计

3）系统软硬件环境

历史街区保护规划和管理信息系的 GIS 系统硬件配置可有多种形式，目前由于微机的性能不断提高，可采用高档的微机。对本系统选择 GIS 软件的标准是：

（1）使用 GIS 时，数据的兼容性；

（2）易于使用和低费用；

（3）能够读入工业标准数据格式；

（4）能够使用矢量和栅格数据结构。

ArcGIS9. X 提供所需功能，其扩展模块具有较强的空间分析功能。另外，政府机构是潜在的数据提供者，它们已经广泛地使用 ESRI 公司的 GIS 产品，能够提供兼容的数据。同时，由于 ArcGIS 9. X 是完全 COM 化的，运用 ArcGIS 9. X 的 ArcObjects 提供 COM 组件，任何支持 COM 的编程语言都能用来定制和扩展 ArcGIS，或者构建新的应用系统，方便地实现系统所需的各项功能，而且有利于系统的升级换代。

4）系统的总体逻辑结构

系统采用美国 ESRI 公司的 ArcGIS 9. X 作为系统的开发平台，通过 VB 和 VBA 语言进行二次开发。对图形、图像及属性数据进行集成，构成应用系统，其开发方式和数据流程如图 6-15 所示。

5）数据模型和数据组织

系统功能的好坏，功能强弱取决于采用什么类型的数据库模型。本系统涉及众多类型的要素，各要素具有图形、属性、图像、描述信息。为了便于管理和组织数据，决定采用矢量数据模型来描述图形，关系数据库来描述属性及描述性信息，以栅格图像方式存贮图像数据，对同一要素不同类型的数据描述采用关键字作为联系的纽带。

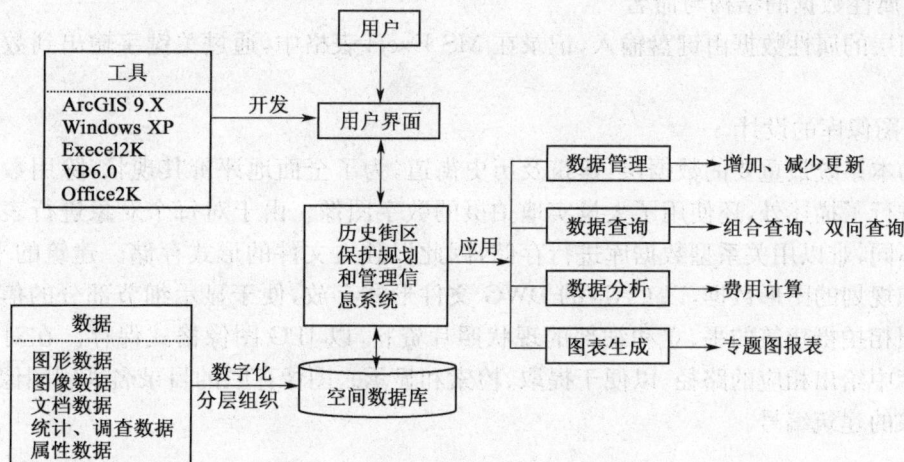

图 6-15　系统开发方式与数据流程

6.4.3　数据库系统的详细设计

信息管理的核心是数据库系统,而数据库设计的基础是用户需求分析及数据分析,并以有组织的数据处理为基础。

1) 数据库的分类

根据系统设计的目标和用户的需要,确定系统处理数据分为以下三类:

(1) 基本空间图形数据

历史街区 1:500 的地形图,其中主要包括地形、建筑物、道路、公共设施、绿化等地物以及各种规划图件。

(2) 属性数据

房屋资料:包括房屋的建筑年代、结构、功能、用途、通风、采光、层高、平面、立面、剖面、屋面形态、产权、住户、建筑材料等属性。

公共设施数据:包括历史街区内的现状各种设施的管理信息和规划的公共设施。

(3) 多媒体数据

包括历史街区的视频以及民居的图形、图像等数据。

为了便于实现各子库之间、属性库与空间库之间的交互访问、数据交换,各数据子库均有一个特征码公用字段,以建立数据库之间的联系,提高数据检索查询效率。

2) 空间数据和属性数据

根据历史街区规划和管理的特点,收集各类数据源的数据,评价其精度、可靠性、可利用性及相互关系,确定入库的数据项,并给出各项的详细定义,编辑数据字典。

(1) 图形要素的结构与命名

所有图形要素点、线、面在建立拓扑关系后,存到 File Geodatabase 中。根据本系统的特点,将数据分成建筑、民居、道路、给水、排水、电力、电讯、绿化等十多个专题数据层。所有这些空间层的图形数据都以 Geodatabase 存贮,对图形数据采用统一规划命名,以便于数据组织和维护。

（2）属性数据的结构与命名

空间层的属性数据由键盘输入，记录在 MS Excel 表格中，通过关键字输出到数据库中存贮。

（3）图像库的设计

作为本系统最重要的数据层：建筑及历史街道，为了全面地评价其现状，除用数据库对其属性进行了描述外，还使用了大量实地拍摄的数字图像。由于对每个对象进行表示的文件数目不同，难以用关系型数据库进行存储，因此以独立文件的形式存储。建筑的平、立面的现状和规划的图形数据，以 CAD 的 DWG 文件形式存放，便于显示细节部分的信息。采用数码照相拍摄建筑的平、立和细部的现状照片资料，以 JPG 图像格式保存。在对象的属性数据库中给出相应的路径，以便于提取、检索和显示。图像存贮的目录名采用图像所描述空间对象的建筑编号。

6.4.4　系统功能

历史街区保护规划和管理信息系统是对历史街区的文化遗产进行采集、分析、融合、存贮、传输以及提供可视化的规划管理统一平台。根据规划和保护管理的功能需求，历史街区保护规划和管理信息系统由数据录入管理子系统、查询子系统、数据输出子系统、系统管理子系统和在线帮助子系统组成。每功能层次包含若干子系统，子系统又由若干模块构成。

1）数据输入

通过输入历史街区各地理实体的地理数据和属性数据，完成地理实体地理数据的数字化。

2）查询系统

（1）图形属性查询

图形→属性的查询：点取查询、矩形查询、圆形查询、多边形查询。

属性→图形的查询：逻辑组合查询、条件查询。

（2）建筑查询和显示

通过地图窗口或数据窗口对需要查询的建筑数据进行显示，除显示其地理位置、形状、面积等地理数据，还可显示其相应的建筑年代、结构、功能、用途、层高等属性数据，同时，通过多媒体技术可实现图片显示，还可进一步显示其现状的平面、立面、剖面图和规划的平、立、剖面图的图形数据等。

（3）专题调用、叠加，专题图生成

地形底图、各类现状、规划专题叠加显示，生成各类专题图。

（4）统计及统计结果可视化

各类现状自定义方式统计及统计结果可视化。

（5）综合分析

现状信息的综合分析。

3）规划成果

用来显示规划的成果。

4）规划管理

用来进行规划管理，主要是显示有关历史街区所有的法律、法规文件。

5）数据输出子系统

数据处理结果可以用文本、报表、统计制图、空间制图四种不同的方式输出。

6）在线帮助模块

指在系统运行中提供有关系统结构、功能及其使用的帮助信息。

6.4.5 系统特点

（1）系统界面友好，所有的操作均以菜单和工具条的方式进行。

（2）系统中利用同步窗口显示功能，使用户在同一时间可打开同一数据的多种显示窗口，更改一个窗口内的数据，能自动更新其他显示窗口，使数据的图形窗口、属性窗口、图像窗口及查询统计等窗口能同步显示在屏幕上。

（3）系统的可扩展性强。系统采用了工业标准的、开放的、统一的 COM 对象库作为其技术基础。由于组件接口的不变性，平台的提升和系统规模及功能需求的扩展不会影响系统源代码，所以使构建的系统具有极大的延展性和灵活性。

（4）系统的开放性强。任何与 COM 兼容的编程语言都可以用来扩展系统。

（5）易于与其他非 GIS 系统集成。由于采用了 COM 体系结构，使得系统与其他系统（如 MIS 系统）可以方便地实现系统间的集成。例如，在系统中利用 VBA 与 DLL 技术，实现了对建筑显示多幅照片 JPG 图像数据以及平面、立面、剖面、细部 CAD 的 DWG 图形数据显示的功能。

6.5 本章小结

将 GIS 应用于历史街区的现状调查、保护规划编制中，极大地提高工作效率。在详细现状调查基础上建立历史街区空间数据库，为历史街区保护规划的编制提供了数据基础，在此空间数据库的基础上，支持保护规划过程中历史遗产价值的综合评价和专题分析，以及数据的综合统计和分析。基于 GIS 的历史街区数据库系统提供了一个多源数据集成的平台，提高历史街区规划的科学性和综合性以及管理的现时性。同时，针对历史街区管理的特征，探讨系统软件平台选择、总体结构、系统数据结构设计以及主要功能等问题。

参考文献

［1］张松.历史性城市保护学导论——文化遗产和历史环境保护的一种整体性方法［M］.第二版.北京:中国建筑工业出版社,2008.

［2］伊利尔·沙里宁著;顾启源译.城市——它的发展、衰败与未来［M］.北京:中国建筑工业出版社,1986.

［3］简·雅各布斯著;金衡山译.美国大城市的生与死［M］.南京:译林出版社,2005.

［4］梁思成,陈占祥等著;王瑞智编.梁陈方案与北京［M］.沈阳:辽宁教育出版社,2009.

［5］曹昌智.大同历史文化名城保护与发展战略规划研究［M］.北京:中国建筑工业出版社,2008:3-5.

［6］赵锋.地理信息系统及其在城市规划中的应用［D］.杭州:浙江大学建筑学院,2000.

［7］黄杏元,马劲松,汤勤.地理信息系统概论(修订版)［M］.北京:高等教育出版社,2001.

［8］宋小冬,叶嘉安.地理信息系统及其在城市规划与管理中的应用［M］.北京:科学出版社,1995.

［9］全国人大常委会办公厅.中华人民共和国文物保护法［M］.北京:中国民主法制出版社,2002.

［10］国务院法制办农业资源环保法制司,住房与城乡建设部法规司城乡规划司.历史文化名城名镇名村保护条例释义［M］.北京:知识产权出版社,2009.

［11］中国城市规划设计研究院.GB 50357—2005 历史文化名城保护规划规范［S］.北京:中国建筑工业出版社,2005.

［12］Martyn J. The Application of a Geographical Information System to the Creation of a Cultural Heritage Digital Resource ［J］. Literary ＆Linguistic Computing ,2005,20(1):71-90.

［13］Summerby-Murry R. Analysing Heritage Landscapes with Historical GIS:Contributions from Problem-based Inquiry and Constructivist Pedagogy ［J］. Journal of Geography in Higher Education,2001,25(1):37-52.

［14］Lashlee D, Briuer F, Murphy W, etc. GeomorphicMapping Enhances Cultural Resource Management at the U. S. ArmyYuma Proving Ground, Arizona, USA ［J］. Arid Land Research and Management,2002,16:213-229.

［15］Paul Box;胡明星,董卫译.地理信息系统与文化资源管理［M］.南京:东南大学出版社,2001.

［16］夏建,蓝刚.数字时代历史街区保护观念更新初探［J］.规划师,2003(6):29-31.

［17］徐建刚,何郑莹,王桂圆等.名城保护规划中的空间信息整合与应用——以福建长汀为例［J］.遥感信息技术,2005(03):24-27.

[18] 徐曦.城市遗产保护的信息分析——汉口案例[D].武汉:武汉大学建筑学院,2005.

[19] 董明,陈品祥.基于GIS技术的北京旧城胡同现状与历史变迁研究[J].测绘通报,2007(05):34-37.

[20] 胡明星,董卫.基于GIS的古村落保护管理信息系统[J].武汉大学学报(工学版),2003(03):53-56.

[21] 胡明星,董卫.基于GIS的镇江西津渡历史街区保护管理信息系统[J].规划师,2002(03):71-73.

[22] 汤雪璇,董卫.城市历史文化空间网络的建构——以宁波老城为例[J].规划师,2009(01):85-91.

[23] 阮仪三,李红艳.对上海新一轮旧城发展的思考[J].中国名城,2009(01):51-56.

[24] 吴萍,董卫.杭州市历史地段保护规划[J].规划师,2005(01):48-51.

[25] 阮仪三,袁菲.江南水乡古镇的保护与合理发展[J].城市规划学刊,2005(08):52-59.

[26] 朱自煊.屯溪老街保护整治规划[J].建筑学报,1996(09):10-14.

[27] 朱宇恒,丁承朴,卜菁华.杭州大井巷历史街区的价值评价及修复研究[J].华中建筑,2005(10):139-145.

[28] 王景慧,阮仪三,王林.中国历史文化名城保护理论与规划[M].上海:同济大学出版社,1998.

[29] 张松.历史性城市保护学导论——文化遗产和历史环境保护的一种整体性方法[M].第二版.北京:中国建筑工业出版社,2008.

[30] 王玲玲.历史文化名城保护规划的发展与演变研究[D].中国城市规划设计研究院,2006.

[31] 国家文物局法制处.国际保护文化遗产法律文件选编[M].北京:紫禁城出版社,1993.

[32] 国务院.国务院转批国家建委等部门关于保护我国历史文化名城的请示的通知.国发〔1982〕26号.

[33] 建设部,国家文物局.关于请公布第二批国家历史文化名城名单的报告.国发〔1986〕104号.

[34] 建设部,国家文物局.历史文化名城保护规划编制要求.建规〔1994〕533号.

[35] 建设部,国家文物局.关于成立全国历史文化名城保护专家委员会的通知.建规〔1994〕170号.

[36] 建设部.转发《黄山市屯溪老街历史文化保护区保护管理暂行办法》通知.建规〔1997〕18号.

[37] 刘际超.历史文化街区的保护与发展研究[D].河北农业大学,2011.

[38] 王涛.关于历史街区详细规划的编制与审批[J].规划师,2004(03):67-68.

[39] 龙瀛.规划支持系统原理与应用[M].北京:化学化工出版社,2007.193.

[40] 陈永乐.基于中国历史城市研究的Geodatabase设计——以慈城为例[D].南京:南京大学,2006.

[41] David Arctur. Designing Geodatabase:Case Study in GIS Data Modeling[M]. Red lands:ESRI Press,2004.4-5.

[42] Michael Zeiler 著;姚静,张晓祥,张峰译.为我们的世界建模——ESRI地理数据库设

计指南[M].北京:人民邮电出版社,2004.

[43] 李超岭,于庆文等编著.数字区域地质调查基本理论与技术方法[M].北京:地质出版社,2003.70.

[44] 王珊,陈红.数据库系统原理教程[M].北京:清华大学出版社,2006.10.

[45] 吴信才等.地理信息系统的设计与实现[M].北京:电子工业出版社,2002.

[46] 中华人民共和国建设部.风景名胜区规划规范[M].北京:中国建筑工业出版社,2008.

[47] 李宗华.数字空间基础设施建设与应用[M].北京:科学出版社,2008.

[48] 第三次全国文物普查领导小组办公室.第三次全国文物普查实施方案及相关标准、规范[EB].北京:2008[2011-12]http://www.xswh.gov.cn/Subject/Article/2007-12-14/2007121414442610-2.shtml.

[49] 中华人民共和国国家质量监督检验检疫总局.GB/T 2260—2002 中华人民共和国行政区划代码[S].北京:中国标准出版社,2002.

[50] 全国地理信息标准化技术委员会(编译),ISO/TC 211 国内技术归口管理办公室(编译),何建邦(编者),蒋景瞳(编者).地理信息国际标准手册[M].北京:中国标准出版社,2004.

[51] 刘敏.青岛历史文化名城价值评价与文化生态保护更新[D].重庆:重庆大学建筑城规学院,2003.

[52] 梁雪春,达庆利,朱光亚.我国城乡历史地段综合价值的模糊综合评判[J].东南大学学报(哲学社会科学版),2002(2):44-46.

[53] 《可持续发展指标大系》课题组编.中国城市环境可持续发展指标体系研究手册——以三明市、烟台市为案例[M].北京:中国环境科学出版社,1999.

[54] 张俊军,许学强,魏清泉.国外城市可持续发展研究[J].地理研究,1999(2):207-213.

[55] 日本观光资源保护财团,西山监修编著;路秉杰译.历史文化城镇保护[M].北京:中国建筑工业出版社,1991.204-210.

[56] 朱光亚,蒋惠.开发建筑遗产密集区的一项基础性工作——建筑遗产评估[J].规划师,1996(01):33-38.

[57] 方遒.我国非文物建筑遗产的评估[D].南京:东南大学建筑系,1992.

[58] 仝瑞.最佳人居小城镇评价指标体系研究初探[D].南京:东南大学建筑系,2003.

[59] Saaty T. L.. Decision for Leaders:The Analytic Hierarchy Process for Decisions on a Complex Word. RWS Publications, Pittsburgh, PA, 1986.

[60] 王雪华.两种层次结构化决策方法的理论与应用研究——AHP 与 AIM[D].大连:大连理工大学,2000.

[61] 王莲芬.层次分析法中排序权数的计算方法[J].系统工程理论与实践,1987,2:31-37.

[62] 吴祈宗,李有文.层次分析法中矩阵的判断一致性研究[J].北京理工大学学报,1999,19(4):502-505.

[63] 贺仲雄等.模糊数学及其派生决策方法[M].北京:中国铁道出版社,1992.

[64] 袁思达.技术预见德尔菲调查中共性技术课题识别研究[J].科学学与科学技术管理,2009(10).22-26.

[65] 符小洪.区域城镇体系规划地理信息系统设计及其在闽侯县的应用研究[D].福建师范

大学,2003.

[66] 叶忱. 大城市边缘地区小城镇成长机制与可持续发展评价研究[D]. 南京农业大学,
2001.

[67] 胡明星,李建. 空间信息技术在城镇规划体系中的应用研究[M]. 南京:东南大学出版
社,2009.46-47.

[68] 赵勇,张捷,卢松,刘泽华. 历史文化村镇评价指标体系的再研究——以第二批中国历
史文化名镇(名村)为例[J]. 建筑学报,2008(3).64-69.

[69] 陈薇,王承慧,吴晓. 道路遗产与历史城市保护——以南京为例[J]. 建筑学报,2008
(3):64-69.

[70] 张捷. 历史城市空间的变迁研究——以南京为例[D]. 南京:东南大学,2009.

[71] 朱传耿,马晓东,孟召宜,仇方道. 地域主体功能区划——理论·方法·实证[M]. 北
京:科学出版社,2008:103-104.

[72] 阮仪三,蔡晓峰,杨华文. 修复机理重塑风貌——南浔镇东大街"传统商业街区"风貌整
治探析[J]. 城市规划学刊,2005(04):53-55.

[73] 张剑涛. 城市形态学理论在历史风貌保护区规划中的应用[J],城市规划汇刊,2004
(06):58-65.

[74] 陈佳遾. 保持城市历史风貌区的建筑密度——以上海老城厢历史风貌区为例[J]. 吉林
大学学报,2007,37(增刊):236-238.

[75] 郑炜. 西安明城区城市肌理初探[D]. 西安:西安建筑科技大学,2005.

[76] 西安建筑科技大学绿色建筑研究中心. 国家自然科学基金委员会"九五"重点资助项
目——绿色建筑[M]. 北京:中国计划出版社,1999.234-245.

[77] 贾宏雁. 中国历史文化名城通论[M]. 南京:东南大学出版社,2007.193.

[78] 李和平. 历史街区建筑的保护与整治方法[J]. 城市规划,2003(4):52-56.

[79] 胡明星,董卫. GIS 技术在历史街区保护规划中的应用研究[J]. 建筑学报,2004(12):
63-65.

[80] 胡明星. 安徽安庆倒扒狮历史街区保护规划编制研究[J]. 新建筑,2009(2):26-30.

[81] 胡明星,邹兵,方必辉. 基于 GIS 宏村世界文化遗产地保护规划修编中应用研究[J]. 安
徽建筑,2010(2):31-35.

内容提要

　　本研究将 GIS 应用于历史文化名城和历史街区的现状调查、规划编制、保护管理中,改变了传统历史街区和历史文化名城保护规划的编制方法;建立基于 GIS 的历史文化名城多源多比例尺空间数据库,为保护规划编制过程中的多因子价值评定提供了数据支持;将 GIS 技术与历史文化名城保护规划编制过程中的基础资料整理、保护名录制定、各类保护区范围划定等工作要求相结合,改变了现有的历史文化名城保护规划编制方法和技术路线,提高了历史文化名城保护规划的科学性和技术性;在对历史格局的研究中采用了转译法,使历史格局的各要素转译到具有精确坐标的现状地图上,建立具有时间序列的空间数据库,评价各地块历史价值,保护历史格局;构建历史文化名城高度控制的数学模型,优化和控制名城的空间形态;基于 GIS 空间数据库提供多元数据集成的数字化平台,使保护规划更具有科学性、综合性和客观性,以及管理的现时性。

　　本书可供城市规划、历史保护、地理信息系统等相关专业人员阅读参考。

图书在版编目(CIP)数据

　　基于 GIS 的历史文化名城保护体系应用研究/胡明星,
金超编著. —南京:东南大学出版社,2012.3
　　ISBN 978-7-5641-3302-3

　　Ⅰ. ①基⋯　Ⅱ. ①胡⋯ ②金⋯　Ⅲ. ①地理信息系统—
应用—文化名城—文物保护—研究—中国　Ⅳ. ①TU984.2

　　中国版本图书馆 CIP 数据核字(2012)第 017537 号

东南大学出版社出版发行
(南京四牌楼 2 号　邮编 210096)
出版人:江建中
网　　　址:http://www.seupress.com
电子邮件:press@seupress.com
全国各地新华书店经销　　扬中市印刷有限公司印刷
开本:787 mm×1092 mm　1/16　印张:3.5(彩色)4.25(黑白)　字数:193 千字
2012 年 3 月第 1 版　2012 年 3 月第 1 次印刷
ISBN 978-7-5641-3302-3
定价:38.00 元

本社图书若有印装质量问题,请直接与读者服务部联系。电话(传真):025-83792328